MLS 機械学習
スタートアップ
シリーズ

Pythonで学ぶ
強化学習

入門から実践まで

Reinforcement Learning by Python

久保隆宏

JN231672

講談社

■ 目　次

はじめに

　本書を手にとっていただきありがとうございます。本書は、なんらかのプログラミング経験のあるエンジニアが、強化学習を学び、さらに「実務へ適用」できるようになることを目的として書かれています。「実務へ適用」というのは大きなハードルですが、これは強化学習という「面白い」技術が、「面白いだけ」で終わらないようにしたいという想いから設定したハードルです。

　「実務への適用」を目指すため、本書は以下の点で他の書籍と大きく異なっています。

1. 実用を想定した設計を行ったサンプルコード
2. 強化学習の「弱点」についても触れ、その克服方法を提示
3. 読んだ後学習を深められるよう、研究の体系を整理

　これらの点は、深層強化学習を扱う Day4 以降から顕著になります。その意味では、強化学習をすでにご存知の方も Day4 以降は参照する価値があるのではないかと思います。既存の書籍、あるいはこれから発刊される書籍でも、「（TensorFlow/PyTorch/Chainer/Keras）による（深層）強化学習で、ゲームを攻略しよう！」という内容は扱われると思います。これは本書において Day1 から Day4 の内容に該当しますが、わざわざ実用を想定したモジュール設計を行う書籍はありませんし今後も出てこないと思います。また、本書の Day5 以降、端的には「弱点」に触れるようなこともないと思います。

　「面白い」強化学習が、実務でも「面白い」効果を上げる。本書が目指すのはこの1点です。そのために必要な情報を、執筆時点で集められるだけ集め、まとめられるだけまとめ、そして限界までわかりやすく解説したつもりです。強化学習が読者の課題解決に貢献し、実績として積み上がっていくことを願います。

本書の構成

　本書は7章構成となっており、理論上は1日1章読んでいけば1週間で強化学習を学べるようになっています。ただ、各章のボリュームはばらつきがあるため無理をする必要ありません。以下に、簡単に各章の内容を紹介します。

- **■Day1：強化学習の位置づけを知る**
  強化学習と人工知能、機械学習といったキーワードの関係を整理します。そのうえで強化学習のメリット・デメリット、そして基本的な仕組みを解説します。

- **■Day2：強化学習の解法（1）：環境から計画を立てる**
  与えられた環境の情報から、計画を立てる強化学習の手法を解説します。

- **■Day3：強化学習の解法（2）：行動から計画を立てる**
  環境内を探索することで、計画を立てる強化学習の手法を解説します。

- **■Day4：強化学習に対するニューラルネットワークの適用**
  これまで学んだ強化学習に、ニューラルネットワークを適用する方法を解説します。

- **■Day5：強化学習の弱点**
  強化学習、特に Day4 で学ぶ深層強化学習の弱点について解説します。

- **■Day6：強化学習の弱点を克服するための手法**
  Day5 で紹介した弱点を克服するための手法について解説します。

■Day7：強化学習の活用領域

強化学習の活用事例と、活用を支えるツールなどについて解説します。

本書の対象読者

本書は、プログラマー、つまりなんらかのプログラミング言語を使った開発経験のあるエンジニアを対象に書かれています。強化学習という面白そうな技術を、自分の携わるサービスや開発するアプリケーションに使ってみたい、と思っているとしたら、本書はまさにあなたのために書かれています。

そのため本書を読むにはプログラムのコードを読み解く知識が必要になります（ただ、なるべく英文を読むように「読める」実装を心掛けました）。本書ではPython というプログラミング言語を使用した実装を紹介しますが、Python の文法などについては解説内容に含まれません。

「プログラミングが初めて」という方のために、次節でサポートコンテンツの紹介を行っています。もちろん、最近はわかりやすい書籍 / オンラインコンテンツがたくさんあるため、それらを通じ学んでいただいてもかまいません。プログラミングの基礎的な知識は、本書を読むためだけでなく、さまざまな可能性の扉を開いてくれると思います。

気になる数学についての知識は、基本的に中高校レベルの知識で十分です。ただ、Day4 で解説する戦略の更新（Policy Gradient）、Day6 で解説する逆強化学習については大学で習う線形代数・微分の知識が多少必要になります。

最後に、本書では十分名称が普及しているものを除き、手法名などを英語で表記しています。最新の情報は英語で登場することが多く、そのため読者が検索を行う際も英語名のほうが都合がよいためです。同様に、コード中のコメントも英語で表記しています（ただ、それほど難しいコメントはありません）。

サポートコンテンツ

　本節では「プログラミングが初めて」という方のために、Python のセットアップ方法と簡単なチュートリアルコンテンツの案内を行います。前述の通り、最近は学ぶためのコンテンツは多くあるため、ここで紹介するコンテンツを特に使う必要はありません。

　まず、Python で開発できる環境を整えます。Python は公式サイト（https://www.python.org/）からもダウンロード可能ですが、Miniconda（https://conda.io/miniconda.html）のほうを使用することを推奨します。Miniconda はアプリケーションごとに環境（仮想環境）を作成する機能（conda）が付属しており、サンプルコードを動かすための環境をシステム全体とは別に作成できます。また、conda を使用することで通常はインストールが難しいパッケージを比較的簡単にインストールできます。

　Python のバージョンには 2 系と 3 系がありますが、本書では 3 系を扱います。2 系は 2020 年にはサポートが停止されるため、今から使用する理由はありません。いまだに 2 系を使っていると小学生にもけなされるといううわさもあるので、使うのはやめましょう。

　チュートリアルとして、以下のコンテンツを提供しています。

python_exercises：https://github.com/icoxfog417/python_exercises

　チュートリアルは GitHub というオープンソースを共有するサイトで公開しています。GitHub でソースコードを扱うためには Git というバージョン管理ソフトウェアが必要になります。そのため、事前に Git のインストールが必要です。Git のダウンロードは公式サイト（https://git-scm.com/downloads）から可能です。Git を使ったことがないという方のために、上記のコンテンツは Git 初心者の方への案内も含んでいます。

　Python と Git について基本的な内容を学習し終えたら、本書を読み進める準備は万端です。

サンプルコード

　本書で紹介するサンプルコードは GitHub で公開しています。

https://github.com/icoxfog417/baby-steps-of-rl-ja

　書籍に印刷されたコードをエディタに打ち込んでいくのは大変なため、書籍を読んで理解ができたら、サンプルコードはこちらのリポジトリから取得して実行することを推奨します。

　サンプルコードを実行するには、実行環境の構築が必要です。Python、Git の導入を終えた後、以下のコマンドで実行環境を構築してください。なお、以下のコマンドは Miniconda がインストールされていることを前提としています。virtualenv など他のツールを使っている場合は、適宜読み替えてください。

code0-1

```
> git clone https://github.com/icoxfog417/baby-steps-of-rl-ja.git
> cd baby-steps-of-rl-ja
> conda create -n rl-book python=3.6
> activate rl-book  # Mac/Linux の場合 source activate rl-book
(rl-book)> pip install -r requirements.txt
```

1. GitHub からサンプルコードをダウンロード
2. ダウンロードしたサンプルコードのフォルダに移動
3. サンプルコード実行用の環境（仮想環境）を作成
4. 作成した仮想環境を有効化（Windows と Mac/Linux でコマンドが異なるため注意してください）
5. リポジトリの実行に必要なライブラリをインストール

Python を 3.6 に限定していますが、これは執筆時点の TensorFlow が Python3.7 で動作しないためです。この問題はいずれ解消されるはずのため、以下の Issue が Close されたら Python の指定は外しても問題ないはずです。

Python 3.7 compatibility (#20517)：https://github.com/tensorflow/tensorflow/issues/20517

Windows の場合、Powershell のターミナルで手順 4 を行うと環境が有効化されません（2018 年 7 月現在）。この場合、cmd というコマンドを実行し、コマンドプロンプトに切り替えた後に、activate を行ってください。面倒な場合は、Powershell で activate を使えるようにする以下のライブラリを導入してください。

BCSharp/PSCondaEnvs：https://github.com/BCSharp/PSCondaEnvs

仮想環境が有効化されると、ターミナルの左に環境名（rl-book）が表示されます。これが有効化されたサインです。サンプルコードを実行する際は、常に作成した環境（rl-book）が有効化されているかチェックしてください。仮想環境から抜ける際は、deactivate（Mac/Linux の場合は source deactivate）を実行します。

準備ができたら、以下のコマンドを実行してみてください。

code：0-2

```
(rl-book)> python welcome.py
```

ボールキャッチゲームが動いたら、セットアップは完了です。

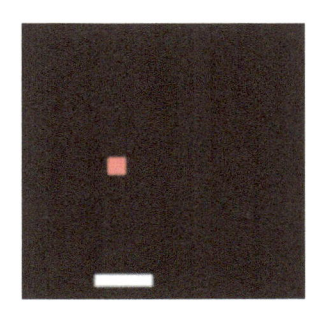

図 0-1　サンプルのボールキャッチゲーム

準備ができたら、7 日間の学習を始めていきましょう！

謝辞

　本書の執筆にあたっては、さまざまな強化学習の資料を参照しました。特に解説については "UCL Course on RL" と "Reinforcement Learning: An Introduction"、実装については "dennybritz/reinforcement-learning" を参考にしました。David Silver 氏、Richard S. Sutton 氏、Andrew G. Barto 氏、Denny Britz 氏に多大な感謝をささげたいと思います。また、知識と実装を惜しみなく公開してくださっているすべての方々に感謝します。

　本書の内容をより正確なものにするために、2 人の方にご協力いただきました。奥村 エルネスト 純さん、山内 隆太郎さんにはお忙しい中時間を割いていただき、本書の内容をレビューしていただきました。レビュー前後では大きく説明の仕方や構成が変わった点もあり、本書の内容をより良く、また正確なものにできたと思います。ありがとうございました！

　最後に、本書を書くのに欠かせなかった音楽について。本書の執筆中 Nothing's Carved In Stone の Mirror Ocean を延々とリピートすることで力を得ていました。また本書執筆中に ELLEGARDEN が復活したことはここに記録しておきたいと思います。the HIATUS のライブで聞いた「次はお前らの番だぜ」という細美さんの言葉を、少しでも形にできていればいいなと思います。執筆中元気づけてくれた

　すべての音楽に、感謝したいと思います。

Day 1

強化学習の位置づけを知る

　Day1 では強化学習という手法の位置づけと、その基本的な仕組みを学びます。一般のニュースにおいて、強化学習は機械学習・深層学習・人工知能といったキーワードと区別なく報じられることが多いです。そのため、まず強化学習の位置づけを明確にした後に、仕組みの解説を行います。

　本章を読むことで、以下の点が理解できます。

- **強化学習と、機械学習、人工知能といったキーワードの関係**
- **強化学習以外の学習法に対する、強化学習のメリット・デメリット**
- **機械学習の基本的な仕組み**

　では、始めていきましょう！

1.1　強化学習とさまざまなキーワードの関係

　強化学習を取り巻くキーワードの関係を整理したものが図 1-1 になります。

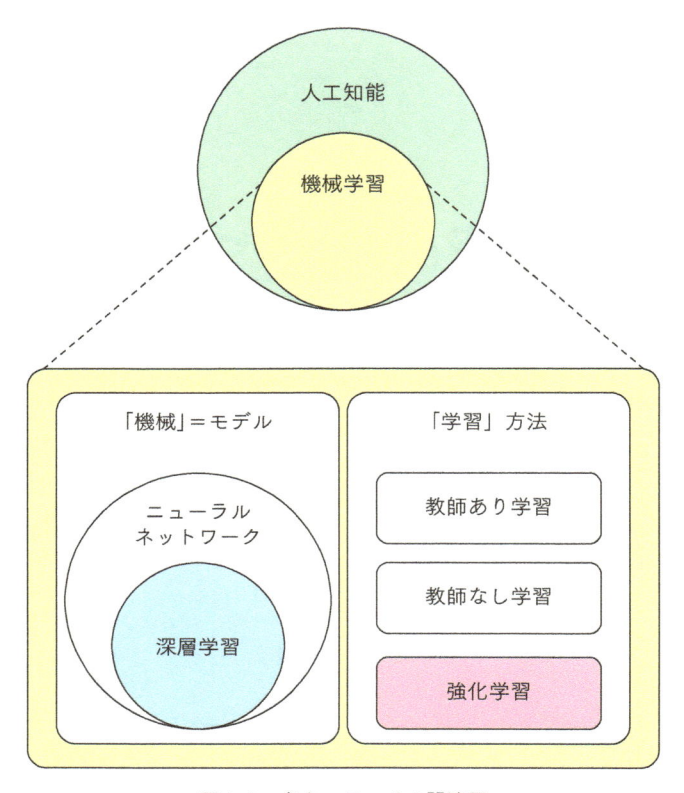

図 1-1　各キーワードの関連図

　まず、「機械学習（Machine Learning）」は人工知能を実現する技術の 1 つです。「人工知能とは何か？」という点は人によって定義が大きく異なるためここでは深入りしませんが、「機械学習が人工知能を実現する技術のうちの 1 つ」という点は一致した見解と思います。

　機械学習は、文字通り「機械」を「学習」させる手法です。「機械」はモデルとも呼ばれ、実体はパラメーターを持った数式になります。このパラメーターを、与えたデータに合うよう調整する作業が「学習」になります（図 1-2）。

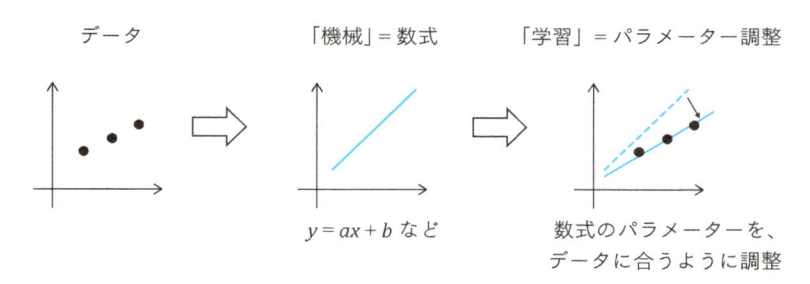

図 1-2　機械学習の仕組み

　深層学習は機械学習における機械、つまりモデルの一種です。ニューラルネットワークというモデルを多層に、つまりディープにしたものがディープニューラルネットワーク（Deep Neural Network：DNN）になります。DNN をなんらかの学習方法で学習させることを深層学習（ディープラーニング：Deep Learning）と呼びます。本書では、以後「深層学習」で表記します。

　モデルのパラメーターを、与えたデータに合うよう調整する「学習」の手法は、強化学習を含め 3 つあります。教師あり学習、教師なし学習、そして強化学習の 3 つです。

- **教師あり学習**
  データと正解（ラベル）をセットで与えて、データを与えたら正解が出力されるよう、モデルのパラメーターを調整します。
- **教師なし学習**
  データのみを与えて、各データ同士の関係性を表現できるようにモデルのパラメーターを調整します（このデータとこのデータは近い（遠い）、など）。
- **強化学習**
  行動により報酬が得られる環境（タスク）を与えて、各状態において報酬につながる行動が出力されるように、モデルのパラメーターを調整します。

　教師あり学習は、最もわかりやすく最も活用されている学習方法です。実例としては、画像分類があります。まず「この画像は犬」というように画像とラベルを紐付けたデータセットを用意します（これを教師データと呼びます）。そして、画像

を与えたら正しいラベルが出力されるようにモデルのパラメーターを調整します。Google が公開する「Teachable Machine（https://teachablemachine.withgoogle.com/）」では、ブラウザ上でこの画像分類を試すことができます。

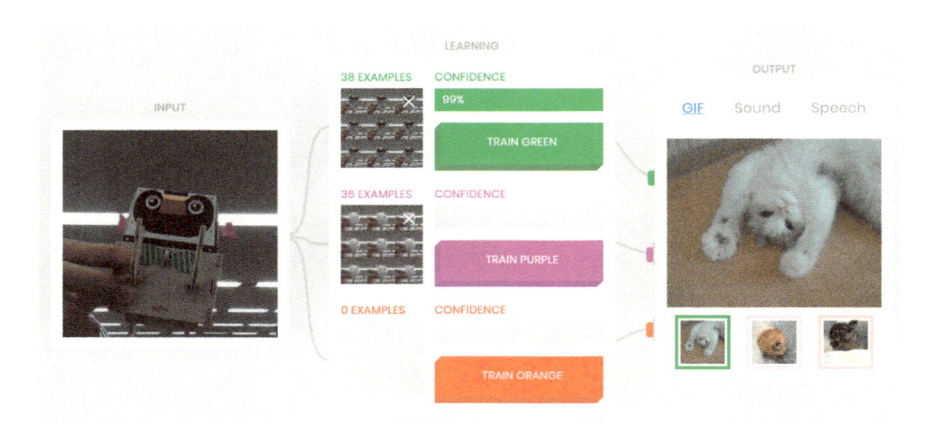

図 1-3　Teachable Machine での学習：ペンギン＝緑と学習させる

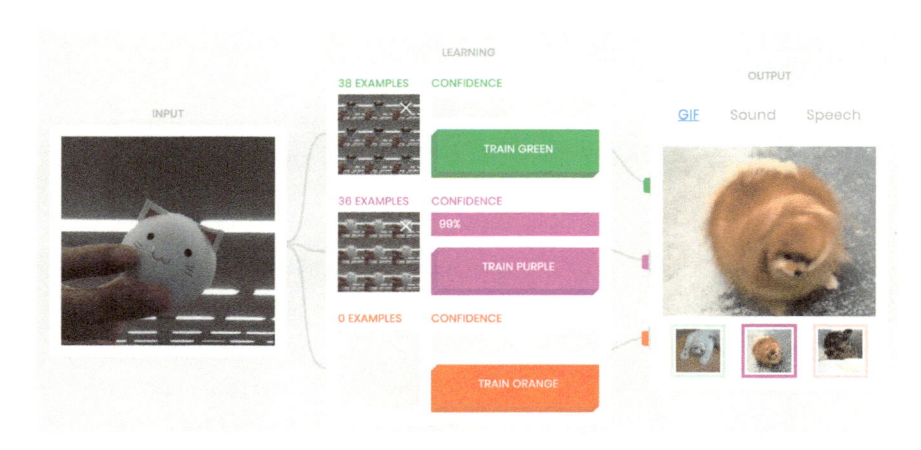

図 1-4　Teachable Machine での学習：猫＝紫と学習させる

　Teachable Machine では、Web カメラに何かを映しながらボタンを押すと、その画像は押されているボタンの色だと学習します。図 1-3 では、ペンギン＝緑と

して学習させています。ここからさらに猫＝紫と学習させると（図1-4）、ペンギンのときは緑、猫のときは紫と判断されるようになります。これは画像から正解ラベルを出力できるように、Teachable Machine の中にあるモデルのパラメーターが調整されたことを表しています。

一方、教師なし学習ではラベルを与えません。与えるのはデータのみで、そのため「教師なし」と呼ばれます。ラベルがないのに何を学習するかというと、データの構造や表現などです。あるデータが与えられたとき、データ全体におけるそのデータの位置であったり、圧縮された表現（ベクトル）を出力するように、モデルのパラメーターを調整します。

データ構造を学習することは、生物学などにおける分類の構築によく似ています。人間はたくさんいますがまとめてヒト属、さらにチンパンジーやゴリラとまとめてヒト科に分類されます。こうした分類は最初からわかっていたわけではなく、いろいろな動物を観測する中で「こういう感じでまとめられそうだ」と経験的に整理されてきたものです。つまり、「データ」のみから長い年月をかけて「構造」を推定してきたわけで、これがまさに「教師なし学習」にあたります。こうした分類を推定する教師なし学習は、クラスタリングと呼ばれます。

データ表現を学習することは、データの圧縮に似ています。圧縮されたサイズでデータを表現できるということは、その中に元データの特徴が詰まっていると考えることができるためです。こうした圧縮表現を得る手法として、Autoencoder（自己符号化器）があります。

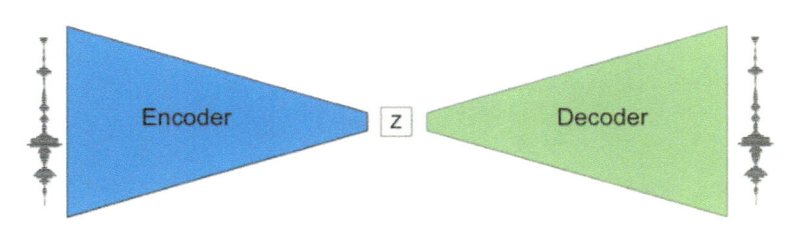

図1-5　MusicVAE: Creating a palette for musical scores with machine learning
[https://magenta.tensorflow.org/music-vae より引用]

　Autoencoder は、元のデータを制限されたサイズのベクトル（図 1-5 の Z）から復元できるよう学習します。圧縮を担当するほうが Encoder、復元を担当するほうが Decoder と呼ばれます。図 1-5 では、音声データについて Encoder で圧縮して Decoder で復元する様子を表しています。Encoder、Decoder はいずれもモデルであり、Encoder は音声を圧縮できるように、Decoder は圧縮された音声（圧縮表現）から元の音声を復元できるようにパラメーターを調整します。

　Autoencoder の学習が完了すると、Encoder からデータの圧縮表現が得られます。これを利用するととても面白いことができます。複数の音声データを Encoder で圧縮し、それを「混ぜて」から Decoder で復元すると、今まで聞いたことがないような音を生成できます。Beat Blender（https://experiments.withgoogle.com/ai/beat-blender/view/）では、4 種類のドラムビートの圧縮表現を混ぜてその音声を聞くことができます。

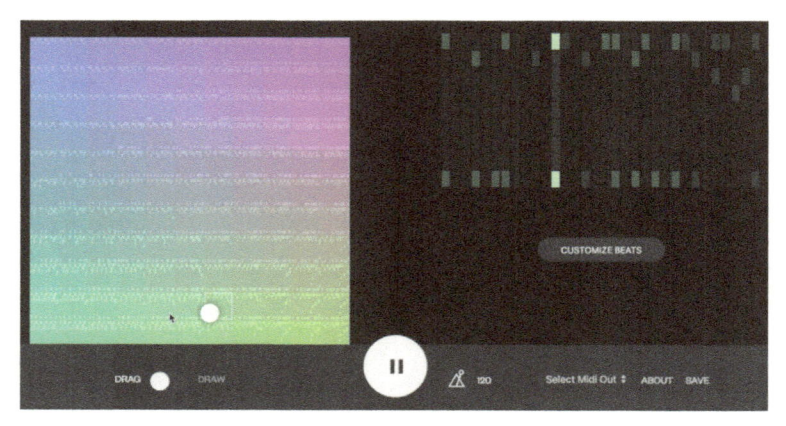

図 1-6　Beat Blender
［https://experiments.withgoogle.com/ai/beat-blender/view/ より引用］

　左側にある四角形の四隅が 4 種類のドラムビートに対応しています（図 1-6）。白い点を操作することで、それらの配合率を変えることができます。点だけでなく軌跡を描くこともでき、徐々に配合率を変えたドラムの音を楽しむことができます。

　近年では、DNN によりさまざまなデータの圧縮表現を得る手法が提案されています。というのも、DNN がデータからの特徴抽出を得意とするモデルであるためです。Day6 ではこの圧縮表現の学習を強化学習に取り入れた手法について紹介します。

　強化学習では、「データ」を与える他 2 つの手法と異なり「環境」を与えます。環境とは「行動」と行動に応じた「状態」の変化が定義されており、ある状態への到達に対し「報酬」が与えられる空間のことです。端的には、ゲームのようなものです。ゲームでは、ボタンを押したらキャラクターがジャンプしたりします。「ボタンを押す」のが行動であり、「キャラクターがジャンプする」のが状態の変化に相当します。そしてゴールに到達できれば「報酬」が得られます。

　実際、強化学習で使用する「環境」はゲームが多いです。本書で利用する OpenAI Gym というライブラリでは、強化学習の環境として多くのゲームが収録されています（図 1-7）。研究においても、Atari 2600 というゲーム機のゲームが強化学習の性能を測るための環境として使用されています。

Atari
Reach high scores in Atari 2600 games.

AirRaid-ram-v0
Maximize score in the game
AirRaid, with RAM as input

AirRaid-v0
Maximize score in the game
AirRaid, with screen images
as input

Alien-ram-v0
Maximize score in the game
Alien, with RAM as input

図 1-7　OpenAI Gym に収録されている Atari 2600 のゲーム
[https://gym.openai.com/envs/#atari より引用]

強化学習では「環境」で「報酬」が得られるようにモデルのパラメーターを調整します。このとき、モデルは「状態」を受け取り「行動」を出力する関数になります。Metacar（https://www.metacar-project.com/qtable.html）を利用すれば、ブラウザ上で強化学習モデルの仕組みを体験することができます（図 1-8）。Metacar にはブラウザ上で車を運転する環境が用意されており、そこでモデルの学習が可能です。また学習した結果、モデルがどの「状態」に対しどの「行動」を高く評価しているのかを確認できます。

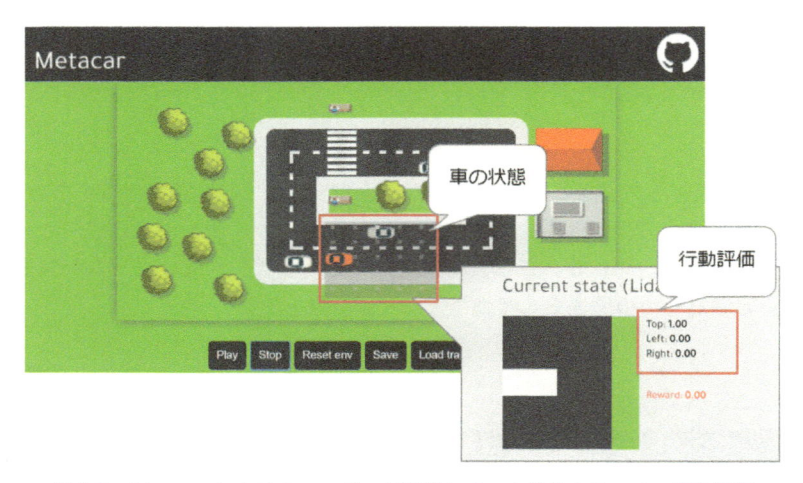

図 1-8　Metacar における、モデルが認識している状態とそこでの行動評価

本節では、まず強化学習を取り巻くキーワードを整理しました。強化学習は、機械学習における「機械（＝モデル）」を「学習」させる手法の一種でした。学習手法には、教師あり学習、教師なし学習、そして強化学習という 3 つの種類がありました。それぞれの学習方法について、デモを通じ仕組みを体験しました。次節では、各学習方法と強化学習の違いについて見ていきます。

1.2　強化学習のメリット・デメリット

強化学習は、「行動」に対する「報酬」（≒正解）があるという点から教師あり学習によく似ています。教師あり学習と異なる点は、単体ではなく全体の報酬（正

解）で最適化を行うという点です。例えば、1日1000円もらえるけれど、3日我慢すれば10,000円もらえるという場合を考えてみます。行動は、我慢するかしないかの2つです。教師あり学習では単体の行動結果を評価するため、我慢しない＝1000円のほうが最適な行動になります。強化学習では全体としての結果を評価するため、3日我慢するほうが最適な行動となります。強化学習に与えられた環境の開始から終了までの期間（今回のケースであれば3日）を「1エピソード（Episode）」と呼び、この1エピソードで得られる報酬を最大化することが強化学習の目的となります（Day3で詳細を述べますが、強化学習ではエピソードの長さが無限である（永遠に続く）ケースもあります）。

　つまり、強化学習において「行動」は「報酬の総和」の最大化につながるかという観点から評価されます。この評価をどう行うかについては、モデル自身が学習する必要があります。つまり、強化学習のモデルは2つのことを学びます。1つ目は行動の評価方法、2つ目は（評価に基づく）行動の選び方（＝戦略）です。

　行動の評価方法を学習してくれるという点は、強化学習の強みの1つです。囲碁や将棋といった複雑なゲームでは、「今の一手がどれくらいの評価か？」という判断を行うのはとても困難です。しかし、強化学習ではその評価方法自体を学習してくれます。そのため、人間が感覚的・直感的に行っているような操作についても学習をさせることができます。

　ただ、これは行動の評価方法がモデル任せになるということも意味します。この点は、教師なし学習のデメリットとも通じます。いずれも人が「ラベル」という形で正解を与えないため、モデルがどんな判断をするようになるかはモデル任せになります。強化学習では、人の感覚とは異なる評価が獲得され、意図しない行動をするようになる可能性があります。この問題はDay5で詳しく解説します。

　教師あり学習が可能な場合は、まず教師あり学習を行うことが好ましいです。教師あり学習は正解を与えるためモデルの挙動が制御でき、単純にデータを増やすほど精度が高まるというわかりやすいスケーラビリティがあります。教師なし学習、強化学習にはそれぞれメリットがありますが、実務で使用するうえではどんな挙動をするかわからず、単純な方法で改善できないというのは歓迎されない性

質です。本書ではこうした強化学習のデメリットを克服する方法については Day6 で、実務への応用については Day7 で解説します。

　本節では強化学習という学習方法の特性を学びました。強化学習は教師あり学習と異なり、行動単体ではなく連続した行動で獲得できる「報酬の総和」を最大化することを目的にしていました。そして、この目的を達成するために「行動の評価方法」と「行動の選び方（戦略）」の 2 つを学習するのでした。行動の評価方法を学習することで、各行動に対する評価が難しいゲームやタスクを解かせることができます。しかし一方で、獲得される行動の制御ができないというデメリットがありました。

　次節では、いよいよ強化学習の仕組みについて見ていきます。

1.3　強化学習における問題設定：Markov Decision Process

　強化学習では、与えられる「環境」が一定のルールに従っていることを仮定します。そのルールとは、「遷移先の状態は直前の状態とそこでの行動のみに依存する。報酬は、直前の状態と遷移先に依存する」というものです。このルール（性質）をマルコフ性（Markov property）と呼びます。そしてこのマルコフ性に従う環境をマルコフ決定過程（Markov Decision Process：MDP）と呼びます。MDP の構成要素は以下 4 つになります。

- s：状態（State）
- a：行動（Action）
- T：状態遷移の確率（遷移関数 /Transition function）。状態と行動を引数に、遷移先（次の状態）と遷移確率を出力する関数。
- R：即時報酬（報酬関数 /Reward function）。状態と遷移先を引数に、報酬を出力する関数（行動を加味する（引数にとる）場合もある）。

まとめると、図 1-9 のようになります。

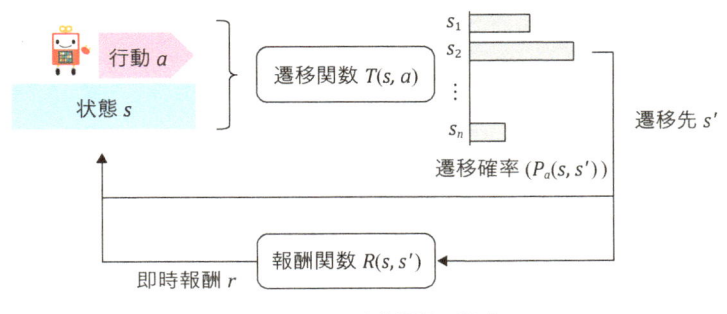

図 1-9　マルコフ決定過程の図式

　図 1-9 のロボットは、状態を受け取り行動を出力する関数と見なせます。この関数を戦略（Policy）π と呼びます。戦略が、強化学習における「モデル」となります。戦略のパラメーターを調整し、状態に応じ適切な行動を出力できるようにすることが、強化学習における「学習」となります。そして、戦略に従って動く行動主体（図中のロボット）をエージェント（Agent）と呼びます。

　MDP における報酬（r）は「直前の状態と遷移先」に依存します。この報酬を即時報酬（Immediate reward）と呼びます。即時報酬は教師あり学習で提示される正解に似ていますが、即時報酬だけ獲得できるようにしてもエピソードにおける「報酬の総和」を最大化することはできません。これは、先ほどの 1 日 1,000 円（＝即時報酬）か 3 日後の 1 万円かの事例を考えるとわかります。

　MDP における「報酬の総和」は、即時報酬の合計になります。エピソードが時刻 T で終わる場合、時刻 t における報酬の総和 G_t は以下のように定義できます。

$$G_t \stackrel{\mathrm{def}}{=} r_{t+1} + r_{t+2} + r_{t+3} + \cdots + r_T$$

　単純に、時刻 t から先の即時報酬を合計した値です。将来の即時報酬はわからないため、G_t はエピソードが終了した時点でないと計算できません。しかし、エージェントの立場としては、行動を選択する段階でこの「報酬の総和」を知りたいところです。なぜなら、強化学習においては「報酬の総和」を最大にする行動をとりたいためです。前述の通り実際の G_t はエピソードが終了しないと計算できないた

め、「見積り」を立てることになります。

　見積りは不確かな値であるため、そのぶん値を割り引いて計算します。この割り引くための係数を<u>割引率（Discount factor）</u>γ と呼びます。割引率を使った報酬の総和は、以下のように定義できます。

$$G_t \overset{\mathrm{def}}{=} r_{t+1} + \gamma r_{t+2} + \gamma^2 r_{t+3} + \cdots + \gamma^{T-t-1} r_T = \sum_{k=0}^{T} \gamma^k r_{t+k+1}$$

図 1-10 は計算を図式化したものです。

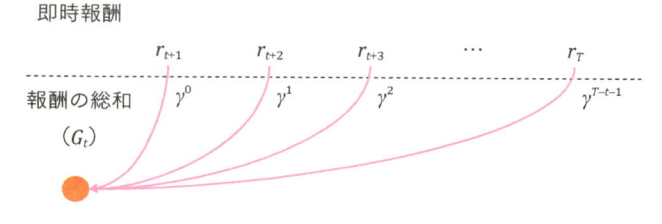

図 1-10　割引率を考慮した報酬の総和の計算

　割引率は 0 から 1 の間の値です。式では将来の時刻になるほど割引率の指数が増えており、つまり将来になるほど割り引かれていることがわかります。先の未来ほどどうなるか読みにくいため、これは感覚的にも合っています。このように未来に得られる値（強化学習では即時報酬）を、割引率により割り引いて計算した値を<u>割引現在価値</u>と呼びます。割引現在価値は強化学習だけでなく、資産価値の評価などにも使われる一般的な手法です。

　先に挙げた式は、以下のように再帰的な式で表現することも可能です。再帰的とは、G_t を定義する式の中で G_t を使用することです。

$$G_t \overset{\mathrm{def}}{=} r_{t+1} + \gamma r_{t+2} + \gamma^2 r_{t+3} + \cdots + \gamma^{T-t-1} r_T$$
$$= r_{t+1} + \gamma(r_{t+2} + \gamma r_{t+3} + \cdots + \gamma^{T-t-2} r_T)$$
$$= r_{t+1} + \gamma G_{t+1}$$

G_t、つまり「報酬の総和」を「見積もった」値を、期待報酬（Expected reward）、また価値（Value）と呼びます（以後、解説では「価値」という文言のほうを使用します）。そして、価値を算出することを価値評価（Value approximation）と呼びます。この価値評価が、強化学習が学習する2つのことの1点目である「行動の評価方法」になります。行動の評価は、行動自体や行動の結果遷移する状態の価値評価により行われます。価値評価、また戦略を学習する具体的な方法については Day2 以降で見ていきます。

ここまでで、MDP の仕組みと MDP における状態の評価値である「価値」について学びました。ここからは実際に MDP に従う環境を実装することで、MDP の仕組みについてより理解を深めていきます。これから紹介するコードは、サンプルコード内の以下のファイルです。

DP/environment.py

DP/environment.py の中では、図 1-11 のような迷路の環境を実装しています。エージェントは上下左右への移動が可能であり、状態は迷路内の現在位置になります。緑のセルに到達したらプラスの報酬でゴール、赤のセルに到達したらマイナスの報酬でゴール、となります。黒のセルは移動できないブロックです。

図 1-11   environment.py で実装している MDP を満たす環境

迷路の環境における、MDP の構成要素を洗い出してみましょう。

- ■ s（状態）：セルの位置（行 / 列）
- ■ a（行動）：上下左右への遷移
- ■ T（遷移関数）：状態と行動を受け取り、遷移可能なセルとそこへ遷移する確率（遷移確率）を返す関数
- ■ R（即時報酬（報酬関数））：状態と遷移先を受け取り、緑のセルなら 1、赤のセルなら−1 を返す関数

　遷移確率について、今回は決定した行動以外の方向に進んでしまう確率を設定しています。例えば上に進もうとした場合、逆方向（下）には進みませんが左右には移動してしまう可能性があります。イメージ的には、突然突風が吹いて想定外の方向に進んでしまう可能性があるという感じでとらえていただければよいです。また今回の場合、報酬関数については遷移先の状態（緑のセルか、赤のセルか）のみで報酬が決まるため、状態のみを引数にとっています。

　では実際のコードを見てみましょう。最初に状態（State）と行動（Action）を表現するためのクラスを定義します。

code1-1

```python
class State():

    def __init__(self, row=-1, column=-1):
        self.row = row
        self.column = column

    def __repr__(self):
        return "<State: [{}, {}]>".format(self.row, self.column)

    def clone(self):
        return State(self.row, self.column)

    def __hash__(self):
        return hash((self.row, self.column))

    def __eq__(self, other):
        return self.row == other.row and self.column == other.column


class Action(Enum):
    UP = 1
    DOWN = -1
    LEFT = 2
    RIGHT = -2
```

State はセルの位置（row、column）で、Action は上下左右の行動を表現するよう
定義されています。続いて、環境の実体である Environment を実装します。

code1-2

```python
class Environment():

    def __init__(self, grid, move_prob=0.8):
        # grid is 2d-array. Its values are treated as an attribute.
        # Kinds of attribute is following.
        #  0: ordinary cell
        #  -1: damage cell (game end)
        #  1: reward cell (game end)
        #  9: block cell (can't locate agent)
        self.grid = grid
        self.agent_state = State()
```

```python
        # Default reward is minus. Just like a poison swamp.
        # It means the agent has to reach the goal fast!
        self.default_reward = -0.04

        # Agent can move to a selected direction in move_prob.
        # It means the agent will move different direction
        # in (1 - move_prob).
        self.move_prob = move_prob
        self.reset()

    @property
    def row_length(self):
        return len(self.grid)

    @property
    def column_length(self):
        return len(self.grid[0])

    @property
    def actions(self):
        return [Action.UP, Action.DOWN,
                Action.LEFT, Action.RIGHT]

    @property
    def states(self):
        states = []
        for row in range(self.row_length):
            for column in range(self.column_length):
                # Block cells are not included to the state.
                if self.grid[row][column] != 9:
                    states.append(State(row, column))
        return states
```

Environment は迷路の定義（grid）を受け取り、迷路内のセルを環境における状態とします（states）。ただ、このとき遷移不可能な黒いセルは除外します。環境内で可能な行動は先ほど定義した通り上下左右の4つです（actions）。これで、環境における状態と行動が実装されました。続いては、遷移関数と報酬関数になります。まず、遷移関数（transit_func）から見ていきましょう。

code1-3

```python
    def transit_func(self, state, action):
        transition_probs = {}
```

```python
    if not self.can_action_at(state):
        # Already on the terminal cell.
        return transition_probs

    opposite_direction = Action(action.value * -1)

    for a in self.actions:
        prob = 0
        if a == action:
            prob = self.move_prob
        elif a != opposite_direction:
            prob = (1 - self.move_prob) / 2

        next_state = self._move(state, a)
        if next_state not in transition_probs:
            transition_probs[next_state] = prob
        else:
            transition_probs[next_state] += prob

    return transition_probs

def can_action_at(self, state):
    if self.grid[state.row][state.column] == 0:
        return True
    else:
        return False

def _move(self, state, action):
    if not self.can_action_at(state):
        raise Exception("Can't move from here!")

    next_state = state.clone()

    # Execute an action (move).
    if action == Action.UP:
        next_state.row -= 1
    elif action == Action.DOWN:
        next_state.row += 1
    elif action == Action.LEFT:
        next_state.column -= 1
    elif action == Action.RIGHT:
        next_state.column += 1

    # Check whether a state is out of the grid.
    if not (0 <= next_state.row < self.row_length):
        next_state = state
    if not (0 <= next_state.column < self.column_length):
```

```
        next_state = state

    # Check whether the agent bumped a block cell.
    if self.grid[next_state.row][next_state.column] == 9:
        next_state = state

    return next_state
```

　遷移確率（transition_probs）は、選択した行動には self.move_prob、逆方向以外の行動には残りの確率を等分した確率 (1 - self.move_prob) / 2 が割り当てられます。遷移先（next_state）は選択された方向に移動したセルになりますが、迷路の範囲外に出る場合は元のセルに戻されます。こうした移動処理は _move で実装されています。続いて、報酬関数（reward-func）を見てみましょう。

code1-4

```
def reward_func(self, state):
    reward = self.default_reward
    done = False

    # Check an attribute of next state.
    attribute = self.grid[state.row][state.column]
    if attribute == 1:
        # Get reward! and the game ends.
        reward = 1
        done = True
    elif attribute == -1:
        # Go damage! and the game ends.
        reward = -1
        done = True

    return reward, done
```

　報酬関数では、緑のセル（attribute == 1）なら 1、赤のセル（attribute == -1）なら−1 を返しています。それ以外は、固定値の self.default_reward を返します。self.default_reward の値はエージェントの行動に影響を与えます。code1-2 ではマイナスの値（-0.04）を設定していますが、これはただ歩き回っているだけでは報酬がどんどんマイナスになることを意味し、エージェントに早くゴールに到達するよう促す効果があります。このように、報酬の設計は、強化学習の結果に大きく影響を与える重要なタスクです。

　以上で環境の定義は完了ですが、環境を外部から扱うための関数をいくつか追加します。

code1-5

```python
    def reset(self):
        # Locate the agent at lower left corner.
        self.agent_state = State(self.row_length - 1, 0)
        return self.agent_state

    def step(self, action):
        next_state, reward, done = self.transit(self.agent_state, action)
        if next_state is not None:
            self.agent_state = next_state

        return next_state, reward, done

    def transit(self, state, action):
        transition_probs = self.transit_func(state, action)
        if len(transition_probs) == 0:
            return None, None, True

        next_states = []
        probs = []
        for s in transition_probs:
            next_states.append(s)
            probs.append(transition_probs[s])

        next_state = np.random.choice(next_states, p=probs)
        reward, done = self.reward_func(next_state)
        return next_state, reward, done
```

　reset は移動したエージェントの位置を初期化する関数です（左隅に戻します）。step はエージェントから行動を受け取って、遷移関数 / 報酬関数を用いて、次の遷移先と即時報酬を計算します。遷移先は、遷移関数の出力した確率値にそって選択されます（np.random.choice(next_states, p=probs)）。

　実際に環境内でエージェントを動かすコードを見てみましょう。これから紹介するコードは、以下のファイルです。

DP/environment_demo.py

code1-6

```python
import random
from environment import Environment


class Agent():

    def __init__(self, env):
        self.actions = env.actions

    def policy(self, state):
        return random.choice(self.actions)


def main():
    # Make grid environment.
    grid = [
        [0, 0, 0, 1],
        [0, 9, 0, -1],
        [0, 0, 0, 0]
    ]
    env = Environment(grid)
    agent = Agent(env)

    # Try 10 game.
    for i in range(10):
        # Initialize position of agent.
        state = env.reset()
        total_reward = 0
        done = False

        while not done:
            action = agent.policy(state)
            next_state, reward, done = env.step(action)
            total_reward += reward
            state = next_state

        print("Episode {}: Agent gets {} reward.".format(i, total_reward))


if __name__ == "__main__":
    main()
```

　まず Agent の定義を行っています。Agent の policy は状態を受け取り行動を返す
関数です。ただ、今回はランダムに行動するだけです。main では迷路の定義を行

い、それをもとに Environment を作成しています。以後のループでは、迷路に 10
回挑戦しています。挑戦する前に env.reset() でエージェントの位置を初期化し、
done が True になるまで（ゴールするまで）行動を繰り返します。開始からゴール
するまでが 1 エピソードとなります。

　action が agent.policy によって選択され、env.step から action に応じた遷移先
（next_state）と即時報酬（reward）を得る、というのが基本的な流れになります。
コードと対応させた動作を図式化したものが図 1-12 になります。

　transit_func や reward_func を変更しエージェントの獲得報酬がどのように変わ
るか試してみたり、エージェントのたどった状態が参照できるようコードを変更
したりしてみてください。より MDP の仕組みを、そして実装を理解できると思
います。

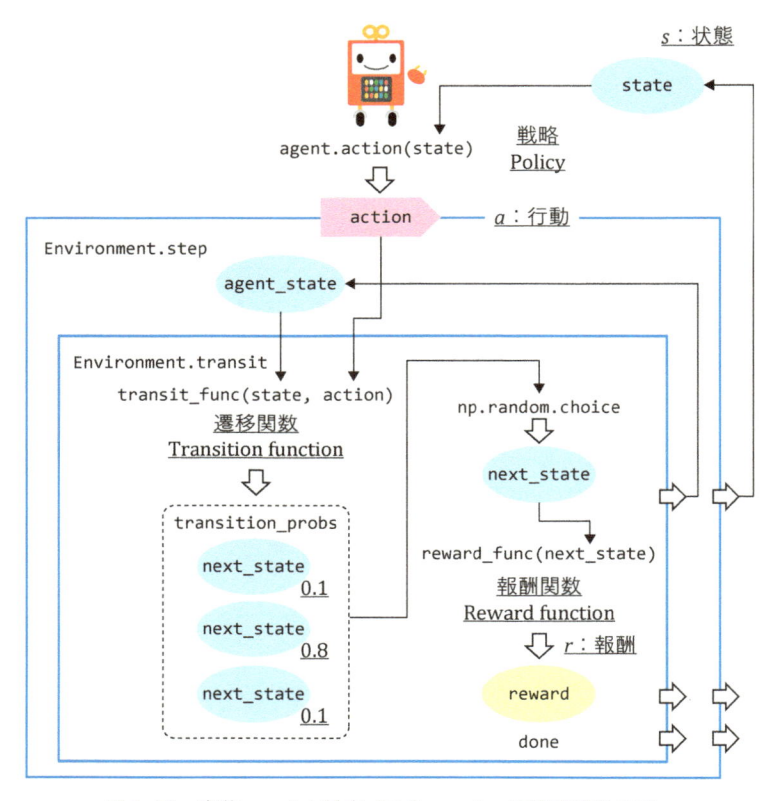

図 1-12　実装コードと対応づけた、マルコフ決定過程の図

　本章では、強化学習を取り巻くキーワードを整理し、強化学習とその他の学習方法の違いについて学びました。そのうえで、強化学習が前提とする問題設定である MDP について学びました。理論面だけでなく、実装についても確認することでより深く理解できたと思います。

　次章以降では、MDP に従う環境でどのように最適な行動を学習するのかについて見ていきます。具体的には強化学習が学ぶ 2 つのこと、すなわち行動評価を行うための「価値」の算出方法（価値評価）と、価値評価に基づく行動の選択方法（戦略）との 2 点を、どう学習するのかについて詳しく解説します。

Day 2

強化学習の解法（1）：環境から計画を立てる

　Day2 では、Day1 で実装した迷路の環境をベースに計画を立てる手法を学びます。計画を立てるには、「価値評価」と「戦略」の学習が必要です。つまり Day2 では、この 2 点の学習を実際に行う手法について解説します。ただ、それに先立って「価値」を MDP の環境にそくした形で定義しなおします。よって、「価値の定義」「価値評価の学習」「戦略の学習」という 3 ステップで解説を行います。

　Day2 で解説する学習方法は動的計画法（Dynamic Programming：DP）と呼ばれる手法です。この手法は、Day1 で実装した迷路の環境のように遷移関数と報酬関数が明らかな場合に使えます。このように、遷移関数・報酬関数をベースに行動を学習する手法を「モデルベース」の学習方法と呼びます。ここでの「モデル」とは環境のことで、環境の実体とは遷移関数・報酬関数の 2 つです。

　続く Day3 では、モデル（遷移関数・報酬関数）を使わない「モデルフリー」の手法を解説します。なお、モデルベースの手法は遷移関数と報酬関数が既知でないと使えないわけではなく、双方の関数を推定して学習することも可能です。推定を行うケースについては Day6 で解説を行います。

　本章を読むことで、以下の点が理解できます。

- ■ 行動評価の指標となる「価値」の定義
- ■「価値評価」を動的計画法で学習する手法と実装方法

- ■「戦略」を動的計画法で学習する手法と実装方法
- ■ モデルベースの手法とモデルフリーの手法の違い

では、始めていきましょう！

2.1　価値の定義と算出：Bellman Equation

　Day1 で定義した「価値」は以下の式で表せました。「報酬の総和」を行動選択の段階（時刻 t）で「見積もった」値で、将来の即時報酬については「割引率」を適用して合計するのでした。

$$G_t \stackrel{\text{def}}{=} r_{t+1} + \gamma r_{t+2} + \gamma^2 r_{t+3} + \cdots + \gamma^{T-t-1} r_T = \sum_{k=0}^{T} \gamma^k r_{t+k+1}$$

　さて、この「価値」には 2 つの問題があります。1 点目は将来の即時報酬の値（r_{t+1}, r_{t+2}, ...）が判明している必要がある点、2 点目はそれが必ず得られるとしている点です。コイントスのゲームでいえば、将来のどの段階で表が出て裏が出るのか予想できていて、しかもその予想は「必ず当たる」という状況に相当します。実際は行動してみなければ即時報酬（表/裏）はわかりませんし、表になるか裏になるかは確率的です。つまり Day1 における「価値」をそのまま計算するのは困難で、計算するためにはこの 2 つの問題を解消する必要があります。

　1 点目の将来の即時報酬が判明していなければならないという問題は、式を再帰的に定義するという方法で解決可能です。前章で、価値を以下の再帰的な式に変換したことを思い出してください。

$$G_t \stackrel{\text{def}}{=} r_{t+1} + \gamma G_{t+1}$$

　再帰的な式の定義により、直近の即時報酬（r_{t+1}）以外の、将来の即時報酬が必要な部分（G_{t+1}）については計算を持ち越すことが可能になります。将来の G_{t+1} にはいったん適当な値を入れて、G_t を計算するといったことが可能となり、これに

より計算時点で将来の即時報酬が判明している必要がなくなります。先取りとなりますが、動的計画法では将来の即時報酬（G_{t+1}）について過去の計算値（キャッシュ）を使うことで計算します。これはメモ化と呼びます。

　2点目の問題については、即時報酬に確率をかけることで解決します。これは期待値を計算するのと同じです。表が出たら100円、裏が出たら10円を払うコイントスゲームの場合、その期待値は 0.5 × 100円 ＋ 0.5 × −10円 ＝ 45円となります。この45円は、表/裏それぞれの発生確率を加味した値です。行動確率を定義できれば、行動の結果得られる報酬（即時報酬）に行動確率をかけることで期待値を計算できます。ここで、エージェントの行動を定義する方法には2つの方法があります。

- **エージェントは保持している戦略に基づき行動する**
- **エージェントは常に「価値」が最大になる行動を選択する**

　戦略 π に基づいて行動する場合、行動 a をとる確率は $\pi(a|s)$ となります。そして、遷移先 s' へは遷移関数から導かれる確率 $T(s'|s, a)$ で遷移します（s' は次の遷移先を表し、s_t から遷移する場合 s' は s_{t+1}、s_{t+1} から遷移する場合 s' は s_{t+2}、…となります（図2-1））。

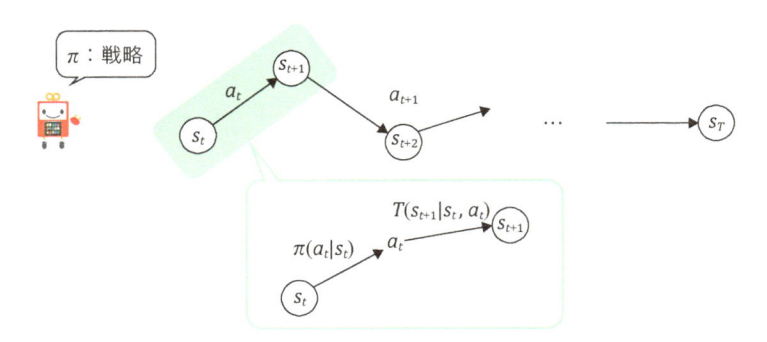

図 2-1　戦略に基づき行動する場合の状態遷移

　戦略 π に基づき行動した結果得られる価値を $V_\pi(s)$ とします。この $V_\pi(s)$ は価値

（G_t）と同様、以下のように再帰的に定義できます。

$$V_\pi(s_t) = E_\pi[r_{t+1} + \gamma V_\pi(s_{t+1})]$$

E は期待値という意味です。先ほどのコイントスの例で報酬に確率をかけて期待値を算出したように、価値 $r_{t+1} + \gamma V_\pi(s_{t+1})$ に行動確率 $\pi(a|s)$、そして遷移確率 $T(s'|s, a)$ をかけることで価値の期待値が算出可能です。報酬を報酬関数 $R(s, s')$ で書き直すと、期待値 $V_\pi(s_t)$ は以下のように書けます。

$$V_\pi(s) = \sum_a \pi(a|s) \sum_{s'} T(s'|s, a)(R(s, s') + \gamma V_\pi(s'))$$

「価値」を再帰的かつ期待値で表現することで、「価値」の計算における 2 つの問題点をクリアしました。この式を Bellman Equation と呼びます。

「価値」が最大になる行動を常に選択するケースも、Bellman Equation を変換することで導出できます。この場合、戦略ではなく「最大」を常にとる操作（max）が行動選択の方法となります。

$$V(s) = \max_a \sum_{s'} T(s'|s, a)(R(s, s') + \gamma V(s'))$$

特に報酬が状態のみで決まる場合（$R(s)$ の場合）は以下のように書けます。

$$V(s) = R(s) + \gamma \max_a \sum_{s'} T(s'|s, a)V(s')$$

これは、迷路において場所に応じて報酬が決まるというようなケースに該当します。本章で扱うケースはこのパターンであるため、以後の式では $R(s)$ で計算を行っています。

戦略を基準にするか、価値が最大になるよう行動していくか、という点は強化学習全体を貫く 2 つの方向性になります。前者を「Policy ベース」、後者を「Value ベース」と呼びます。強化学習では「行動の評価方法」と「行動の選び方（戦略）」の 2 つを学習すると述べましたが、「行動の評価方法」のみ学習して評価＝行動選

択としてしまうのが Value ベースです。Policy ベースでは行動選択は戦略により行われ、その評価/更新に行動評価が使われます。この 2 つの方向性は本章だけでなく今後も登場するため、よく覚えておいてください。

　Value ベースの Bellman Equation を利用した $V(s)$ の算出を、実装でも確認してみましょう。これから紹介するコードは、以下のファイルです。

DP/bellman_equation.py

code2-1

```python
def V(s, gamma=0.99):
    V = R(s) + gamma * max_V_on_next_state(s)
    return V


def R(s):
    if s == "happy_end":
        return 1
    elif s == "bad_end":
        return -1
    else:
        return 0


def max_V_on_next_state(s):
    # If game end, expected value is 0.
    if s in ["happy_end", "bad_end"]:
        return 0

    actions = ["up", "down"]
    values = []
    for a in actions:
        transition_probs = transit_func(s, a)
        v = 0
        for next_state in transition_probs:
            prob = transition_probs[next_state]
            v += prob * V(next_state)
        values.append(v)
    return max(values)
```

　価値 v の定義は、$V(s)$ の定義そのままになっています。報酬関数 R はエピソー

ド終了時点（`"happy_end"` か `"bad_end"`）で 1，−1 の報酬、それ以外は 0 を返します。`max_V_on_next_state` では数式の通り、すべての行動で v を計算し値が最大になる価値をとっています（`max(values)`）。v の計算は式で見た通り「遷移確率」×「遷移先の価値（`prob * V(next_state)`）」となっています。

　遷移確率を計算する遷移関数（`transit_func`）の実装は以下のようになります。

code2-2

```python
def transit_func(s, a):
    """
    Make next state by adding action str to state.
    ex: (s = 'state', a = 'up') => 'state_up'
        (s = 'state_up', a = 'down') => 'state_up_down'
    """

    actions = s.split("_")[1:]
    LIMIT_GAME_COUNT = 5
    HAPPY_END_BORDER = 4
    MOVE_PROB = 0.9

    def next_state(state, action):
        return "_".join([state, action])

    if len(actions) == LIMIT_GAME_COUNT:
        up_count = sum([1 if a == "up" else 0 for a in actions])
        state = "happy_end" if up_count >= HAPPY_END_BORDER else "bad_end"
        prob = 1.0
        return {state: prob}
    else:
        opposite = "up" if a == "down" else "down"
        return {
            next_state(s, a): MOVE_PROB,
            next_state(s, opposite): 1 - MOVE_PROB
        }
```

　up か down かを繰り返していき、5 回行動したら終了状態となります。終了した時点で up が HAPPY_END_BORDER 以上であれば `"happy_end"`、それ以外は `"bad_end"` となります。遷移確率については、選択した行動が行われる確率が MOVE_PROB、反対になる確率が 1 - MOVE_PROB となっています。

最後に、実際に価値 $V(s)$ の計算を行います。

code2-3

```python
if __name__ == "__main__":
    print(V("state"))
    print(V("state_up_up"))
    print(V("state_down_down"))
```

最終的に up の数が多いほうが評価されるため、up の数が多い状態（`"state_up_up"`）のほうが他より高い値になるはずです。実行結果は、この予想通りの結果となります（上から順に V(`"state"`)、V(`"state_up_up"`)、V(`"state_down_down"`) の結果です）。

code2-4

```
0.29689909357877997
0.60158538
-0.970299
```

Bellman Equation を用いれば各状態の価値が計算可能です。ただ、Value ベースの Bellman Equation では価値を計算するのに「価値が計算済み」である必要があります（図 2-2）。なぜなら、行動は「価値が最大」となるものを選択することが前提であり、最大のものを選ぶには値が計算済みでなくてはならないためです。

$$V(s) = R(s) + \gamma \max_a \sum_{s'} T(s'|s, a) V(s')$$

計算済みの
必要がある

図 2-2　Value ベースの Bellman Equation を計算する前提

先ほど実装の解説で「すべての行動で v を計算し値が最大（max）になる行動」をとると述べましたが、状態数が多い環境でこうしたしらみつぶしの計算を行うのは困難です。動的計画法（Dynamic Programming：DP）では $V(s')$ に適当な値を設定しておき、複数回計算を繰り返すことで値の精度を上げていきます。こう

した計算が可能なのは、再帰的に式を定義したおかげです。なお、複数回計算を繰り返すことで値の精度が高まる、つまり最適解に近づくという点については証明が可能です。本書では証明を割愛しますが、気になる方は "UCL Course on RL" の Lecture 3 を確認してください。

次節以降では、この動的計画法による最適な行動の獲得に挑戦します。まずは価値を直接行動決定に利用する Value ベース、続いて価値を戦略の評価に利用する Policy ベースの手法について見ていきます。

なお、動的計画法自体は強化学習に限らず広く利用されている手法です。以降の解説は強化学習によったものになるため、解説の内容は（強化学習によった）狭義の動的計画法のもの、ということを頭の片隅に置いていただければと思います。

2.2　動的計画法による価値評価の学習：Value Iteration

各状態の価値を算出し、値が最も高い状態に遷移するよう行動する。これが Value ベースの基本的な考えです。動的計画法により各状態の価値を算出する（価値評価を学習する）方法を、価値反復法（Value Iteration）と呼びます。

Value Iteration では、前述の通り Bellman Equation による価値の計算を複数回繰り返して値の精度を高めていきます。式に書き起こすと、以下のようになります。

$$V_{i+1}(s) \overset{\text{def}}{=} \max_a \left\{ \sum_{s'} T(s'|s, a)(R(s) + \gamma V_i(s')) \right\}$$

$i + 1$ 回目の計算結果 V_{i+1} は、前回（i 回目）の計算結果 V_i を利用して算出されます。具体的には、遷移先の価値の値は前回計算した $V_i(s')$ から引用します。これが一度計算した結果を再利用するプロセスです。「正確な値へ近づいたか」を判断するには、更新前後の差異（$|V_{i+1}(s) - V_i(s)|$）が一定値（閾値）より低くなっている（つまり、もう更新の必要がなくなった）かで判定します。

実際の実装を見てみましょう。これから紹介するコードは、以下のファイルに

なります。

DP/planner.py

　まず Value Iteration、そして次節で解説する Policy ベースの Policy Iteration 双方のベースとなる Planner を定義しています。

code2-5

```python
class Planner():

    def __init__(self, env):
        self.env = env
        self.log = []

    def initialize(self):
        self.env.reset()
        self.log = []

    def plan(self, gamma=0.9, threshold=0.0001):
        raise Exception("Planner have to implements plan method.")

    def transitions_at(self, state, action):
        transition_probs = self.env.transit_func(state, action)
        for next_state in transition_probs:
            prob = transition_probs[next_state]
            reward, _ = self.env.reward_func(next_state)
            yield prob, next_state, reward

    def dict_to_grid(self, state_reward_dict):
        grid = []
        for i in range(self.env.row_length):
            row = [0] * self.env.column_length
            grid.append(row)
        for s in state_reward_dict:
            grid[s.row][s.column] = state_reward_dict[s]

        return grid
```

　plan が、Value Iteration/Policy Iteration それぞれで実装すべきメソッドになります。transitions_at は遷移関数 $T(s'|s, a)$ の実装です。ここでは、遷移関数の定義の通り、状態・行動のペアから次の遷移先と遷移確率を返します。また併せて、

報酬関数により遷移先で得られる報酬も返しています。`yield` はジェネレーターとして使用するための記述で、これにより for 文でひとつずつ値を読み出すことが可能になります。

　以下が、`Planner` を継承して作成した `ValuteIterationPlanner` の実装です。

code2-6

```python
class ValuteIterationPlanner(Planner):

    def __init__(self, env):
        super().__init__(env)

    def plan(self, gamma=0.9, threshold=0.0001):
        self.initialize()
        actions = self.env.actions
        V = {}
        for s in self.env.states:
            # Initialize each state's expected reward.
            V[s] = 0

        while True:
            delta = 0
            self.log.append(self.dict_to_grid(V))
            for s in V:
                if not self.env.can_action_at(s):
                    continue
                expected_rewards = []
                for a in actions:
                    r = 0
                    for prob, next_state, reward in self.transitions_at(s, a):
                        r += prob * (reward + gamma * V[next_state])
                    expected_rewards.append(r)
                max_reward = max(expected_rewards)
                delta = max(delta, abs(max_reward - V[s]))
                V[s] = max_reward

            if delta < threshold:
                break

        V_grid = self.dict_to_grid(V)
        return V_grid
```

　`plan` が処理の中心です。変数 V が各状態の期待報酬であり、最初に 0 で初期化

します（`v[s] = 0`）。

　その後は、価値の更新幅 `delta` が `threshold` を下回るまで更新を続けます。各状態の各行動に対して価値の計算を行い、その最大値で更新を行っていきます。Value Iteration の定義でも説明しましたが、遷移先の価値は前回計算した v から引用しています（`v[next_state] =` $V_i(s')$）。

　これで Value Iteration が実装できました。コードを見ると数式と実装が一致しており、また短いコードで実現できていることがわかるかと思います。では、実際に動作を確認してみましょう。本書のために作成した仮想環境が有効になっていることを確認し、サンプルコードのフォルダで以下のコマンドを実行してください。

code2-7

```
python DP/run_server.py
```

　コマンドを実行することで、アプリケーションが立ち上がります。http://localhost:8888/ にアクセスすると、以下のような画面が参照できるはずです。

Dynamic Programming Simulator

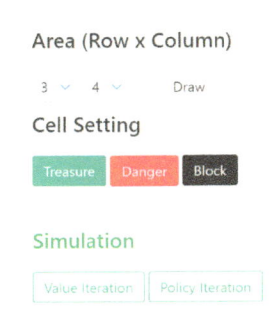

図 2-3　動的計画法アルゴリズムの計算結果を確認するアプリケーション

　こちらで動的計画法の実行を試すことが可能です。Area で行・列を指定し、Draw のボタンを押すことで指定したサイズの迷路を作成することができます。

迷路内のセルを選択した後に、Cell Setting にある Treasure/Danger/Block のボタンを押すことで、迷路のマスの設定を行うことができます。Treasure はプラスの、Danger はマイナスの報酬のゴールです。Block は、移動できないセルになります。迷路の設定ができたら、Simulation にある Value Iteration/Policy Iteration どちらかのボタンを押すと、ボタンに応じたアルゴリズムで解いた結果が参照できます。まず、Value Iteration のボタンを押してみましょう。

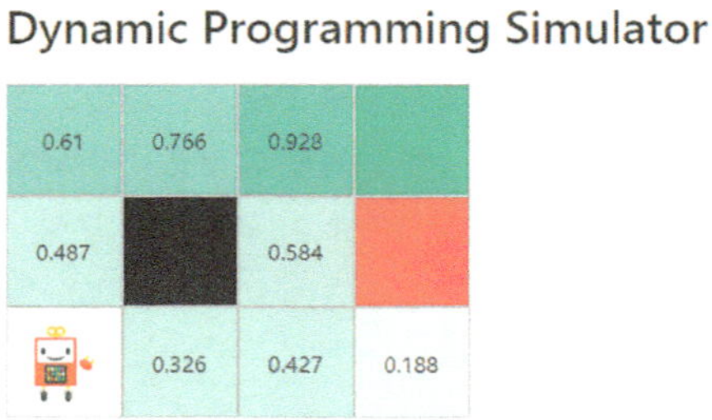
Dynamic Programming Simulator
0.61
0.766
0.928
0.487
0.584
0.326
0.427
0.188

図 2-4　Value Iteration の実行結果

計算の過程が、アニメーションで表示されると思います。迷路の大きさやゴールの位置を変えることで、どのように計算結果が変わるのかを確認してみてください。

2.3　動的計画法による戦略の学習：Policy Iteration

エージェントは、保持している戦略（Policy）に基づき行動する。これが Policy ベースの基本的な考えです。戦略は状態における行動確率を出力しますが、この行動確率から価値（期待値）の計算が可能になります。戦略により価値を計算し、価値を最大化するよう戦略を更新する、というプロセスを繰り返すことで価値の値（価値評価）、戦略双方の精度を高めていきます。この繰り返しのプロセスを Policy Iteration と呼びます。

さっそく実装を見てみましょう。以下が、`PolicyIterationPlanner` の実装になります。

code2-8

```python
class PolicyIterationPlanner(Planner):

    def __init__(self, env):
        super().__init__(env)
        self.policy = {}

    def initialize(self):
        super().initialize()
        self.policy = {}
        actions = self.env.actions
        states = self.env.states
        for s in states:
            self.policy[s] = {}
            for a in actions:
                # Initialize policy.
                # At first, each action is taken uniformly.
                self.policy[s][a] = 1 / len(actions)
```

initialize では、戦略である policy を初期化しています。policy は各状態におけ
る行動確率を収めた変数です。最初は、どの行動についても等しい確率で行動す
るようにしています。

Policy Iteration では戦略による価値の計算を行います。この計算を行っている
のが、以下の estimate_by_policy です。

code2-9

```python
    def estimate_by_policy(self, gamma, threshold):
        V = {}
        for s in self.env.states:
            # Initialize each state's expected reward.
            V[s] = 0

        while True:
            delta = 0
            for s in V:
                expected_rewards = []
                for a in self.policy[s]:
                    action_prob = self.policy[s][a]
                    r = 0
                    for prob, next_state, reward in self.transitions_at(s, a):
```

```
                    r += action_prob * prob * \
                        (reward + gamma * V[next_state])
                expected_rewards.append(r)
            value = sum(expected_rewards)
            delta = max(delta, abs(value - V[s]))
            V[s] = value
        if delta < threshold:
            break

    return V
```

estimate_by_policy おける価値計算は ValuteIterationPlanner（code2-6）とほぼ同様ですが、action_prob が掛けられている点が異なります（r += action_prob * prob * (reward + gamma * V[next_state])）。Value Iteration は価値が最大の行動を「必ず」選ぶため、その選択は確率的ではありません（=action_prob=1）。一方、Policy Iteration では「戦略に基づいて」いるため、各行動は戦略に基づいて確率的に選択されます。この違いが、action_prob の有無につながっています。

Policy ベースの Bellman Equation の式を思い出すと、数式とプログラムのサンプルコードがよく対応していることがわかると思います。

$$V_\pi(s) = \sum_a \pi(a|s) \sum_{s'} T(s'|s, a)(R(s, s') + \gamma V_\pi(s'))$$

estimate_by_policy で計算された価値は、 戦略の評価に使用されます（この点をもって、 戦略による価値の計算（estimate_by_policy）を「戦略評価（Policy Evaluation）」とも呼びます）。その評価を行っているのが、次に紹介する plan です。

code2-10

```
    def plan(self, gamma=0.9, threshold=0.0001):
        self.initialize()
        states = self.env.states
        actions = self.env.actions

        def take_max_action(action_value_dict):
            return max(action_value_dict, key=action_value_dict.get)

        while True:
```

```
        update_stable = True
        # Estimate expected rewards under current policy.
        V = self.estimate_by_policy(gamma, threshold)
        self.log.append(self.dict_to_grid(V))

        for s in states:
            # Get an action following to the current policy.
            policy_action = take_max_action(self.policy[s])

            # Compare with other actions.
            action_rewards = {}
            for a in actions:
                r = 0
                for prob, next_state, reward in self.transitions_at(s, a):
                    r += prob * (reward + gamma * V[next_state])
                action_rewards[a] = r
            best_action = take_max_action(action_rewards)
            if policy_action != best_action:
                update_stable = False

            # Update policy (set best_action prob=1, otherwise=0 (greedy)).
            for a in self.policy[s]:
                prob = 1 if a == best_action else 0
                self.policy[s][a] = prob

    if update_stable:
        # If policy isn't updated, stop iteration.
        break

# Turn dictionary to grid.
V_grid = self.dict_to_grid(V)
return V_grid
```

plan では estimate_by_policy の計算結果を使用し、 各行動の価値を計算します
（r += prob * (reward + gamma * V[next_state])）。最も価値の高い行動が best_action
（best_action = take_max_action(action_rewards)）となり、現在の戦略に従った policy_
action と best_action が異なっていれば、 その best_action が選択されるよう戦略を
更新します。 この更新が行われなくなったら、戦略が最適なものになったとして
更新を停止します。

　戦略が更新されれば、戦略による価値の値も更新される必要があります。 そのた
め、 全体としては、価値の計算（estimate_by_policy）と戦略の更新（self.policy[s]

[a] = prob）を繰り返している形になります。この相互更新が Policy Iteration の中核であり、これにより「価値評価（v）」と「戦略（`self.policy`）」双方が学習されます。

Policy Iteration についても、先ほど紹介したシミュレーターで計算結果を参照することができます。Policy Iteration のほうが、Value Iteration よりも若干計算速度が速いと思います。これは Policy Iteration が全状態の価値を計算しなくても済むためですが、一方で Policy Iteration は戦略が更新されるたびに価値を計算しなおさなければならないというデメリットがあります。

以上で、Day1 で実装した迷路の環境を解く手法の解説は終了です。Day2 では、「価値の定義」「価値評価の学習」「戦略の学習」の 3 つを順に学習してきました。その内容をおさらいしてみましょう。

「価値の定義」では、Day1 で定義した価値の式にある 2 つの問題点を解消しました。2 つの問題点とは、将来の即時報酬の値が判明している必要がある点、それが必ず得られるとしている点でした。1 点目は式の再帰的な定義、2 点目は確率の導入（＝期待値としての表現）で解決しました。そして、2 つの問題点を解決した式を Bellman Equation と呼びました。

「価値評価の学習」と「戦略の学習」とは、それぞれ Value ベース、Policy ベースと言い換えられました。2 つは行動についての前提が異なり、Value ベースは価値の値のみをもとに行動を決定していく、Policy ベースは戦略をもとに行動を決定していくのでした。学習については Value ベースは「価値の計算（価値評価）」だけ学習できればよく、Policy ベースでは「価値の計算」と「戦略」双方を学習する必要がありました。これは現在の戦略を価値で評価し、更新するためでした。

実際に学習を行う方法として動的計画法を学びました。動的計画法はモデルベースの手法の 1 つで、使用にあたっては遷移関数・報酬関数が既知である必要がありました。動的計画法のポイントはメモ化で、Bellman Equation における再帰的な計算の箇所に過去の計算結果（キャッシュ＝メモ）を利用することで計算を行うのでした。Value ベースとして Value Iteration、Policy ベースとして Policy

Iteration を実装し、その動作を確認しました。

　Day2 の最後の節では、モデルベースとモデルフリーの違いについて解説を行います。

2.4　モデルベースとモデルフリーとの違い

　Day2 で動的計画法の実装を行う中で、違和感を感じた方はいるでしょうか。その違和感は、「エージェントが一切動いていない」ということに起因するかもしれません。以下は Day1 で掲載した環境を定義するコードです。

code2-11

```
class Environment():

    def __init__(self, grid, move_prob=0.8):
        # grid is 2d-array. Its values are treated as an attribute.
        # Kinds of attribute is following.
        #  0: ordinary cell
        #  -1: damage cell (game end)
        #  1: reward cell (game end)
        #  9: block cell (can't locate agent)
        self.grid = grid
        self.agent_state = State()

        # Default reward is minus. Just like a poison swamp.
        # It means the agent has to reach the goal fast!
        self.default_reward = -0.04

        # Agent can move to a selected direction in move_prob.
        # It means the agent will move different direction
        # in (1 - move_prob).
        self.move_prob = move_prob
        self.reset()
```

　動的計画法において、エージェントの現在地を表す `self.agent_state` は一切使用されていません。本章のタイトルである「環境から計画を立てる」の示す通り、エージェントを 1 歩も動かさないで環境の情報のみから最適な計画（戦略）を得ているわけです。このような芸当が可能なのは、遷移関数と報酬関数が明らかで

あるためです。これにより、エージェントを実際に動かさなくても行動をシミュレートし、最適解を導くことができます。こうしたモデルベースの手法は、実際にエージェントを動かすコストが高い場合、また環境においてノイズが入りやすい場合には有力な手法になります（屋外でのドローン操作など）。ただ、遷移関数・報酬関数の適切なモデル化が必要にはなります。

これに対し、モデルフリーの手法は実際にエージェントを動かしその経験から計画を立てていきます。モデルベースより泥臭い印象を持つかもしれませんが、遷移関数・報酬関数が不明な環境でも適用できるというメリットがあります。モデルフリーの詳細については、Day3 で見ていきます。

一般的には、モデルフリーの手法のほうがよく用いられます。遷移関数・報酬関数が既知であるケース、またそれらがうまくモデル化できるケースが実際には少ないためです。ただ、表現力の高い深層学習の登場により「モデル化できるケース」が増え、近年ではモデルベースの手法が見直されている印象があります。前述の通り、モデルベースは適用できればモデルフリーより効率的に学習を行うことが可能です。

モデルベースとモデルフリーは対立する手法ではなく、併用することも可能です。併用により、モデルベースとモデルフリー双方のメリットを享受しつつデメリットをカバーしあうことが可能です。Day6 ではこの併用方法について紹介します。強化学習の安定性を高めるうえで、モデルフリーを主軸にモデルベースで補完するのは有力な手法の 1 つです。

Day 3

強化学習の解法（2）：
経験から計画を立てる

Day3 ではモデルフリーの手法について解説します。モデルフリーの手法では、エージェントが自ら動くことで経験を蓄積し、その経験から学習を行っていきます。Day3 では、Day2 と異なり環境の情報、つまり遷移関数と報酬関数は「わかっていない」ことが前提となります。

行動した「経験」を活用するにあたっては、検討すべきポイントが 3 つあります。

1. 経験の蓄積と活用のバランス
2. 計画の修正を実績から行うか、予測で行うか
3. 経験を価値評価、戦略どちらの更新に利用するか

1 点目は、経験の蓄積と活用のバランスです。今回は遷移関数が不明なため、どのくらいの確率で状態から状態へ遷移できるのか知ることができません。つまり、前回と今回で同じ状態で同じ行動をしても、違う結果になる可能性があるということです。この見積りを正確にするためには、多くの経験を「蓄積」する必要があります。

一方で、見積りを「活用」しなければ報酬を得ることはできません。これは石橋を叩いて渡るようなもので、叩くほど安全の確信が持てますが、渡らなければ向こう岸へ行けません。経験の蓄積か、活用か、そのバランスをどうとるのかが 1 点目の問題となります。

　2 点目は計画を実績に基づき修正するか、予測で修正するかです。実績とは、報酬の総和になります。報酬の総和が確定するのはエピソード終了時点であるため、実績に基づく修正は必然的にエピソード終了時点となります。一方で「見積もった」報酬の総和、つまり予測で修正する場合は途中でも修正が可能です。前者は強化学習が最大化したい報酬の総和に基づいた修正が可能ですがエピソード終了まで待つ必要があり、後者は素早い修正が可能ですが修正は見積りベースになります。

　なお、実績か予測かという観点は「エピソードの終了が定まる場合」のみ成立します。というのも、強化学習ではエピソードの終了が定まらない環境（端的には状態遷移が延々と続く環境）を扱うこともあるためです。エピソードの終了が定まる場合を Episodic Task、終わりなく続く場合を Continuing Task と呼びます。Continuing Task の場合は「エピソードの実績」が確定しないため、これを利用した修正はそもそもできなくなります。本書では一般的な Episodic Task を前提に解説を行いますが、Continuing Task の場合にどうなるか、という点に興味がある方は Richard S. Sutton 著 "Reinforcement Learning: An Introduction" の Unified Notation for Episodic and Continuing Tasks を参照してください。

　3 点目は、経験を価値評価、戦略どちらの更新に利用するかという点です。これは、Day2 でも触れた Value ベース、Policy ベースの観点です。Value ベースでは経験が価値評価の更新に、Policy ベースでは戦略の更新に利用されることになります。そして、実は Value/Policy どちらかでなく「両方更新する」という二刀流のような作戦が存在します。この手法についても解説を行います。

　3 つの観点は、いずれも対の関係を持っています。それをまとめたものが、図 3-1 になります。

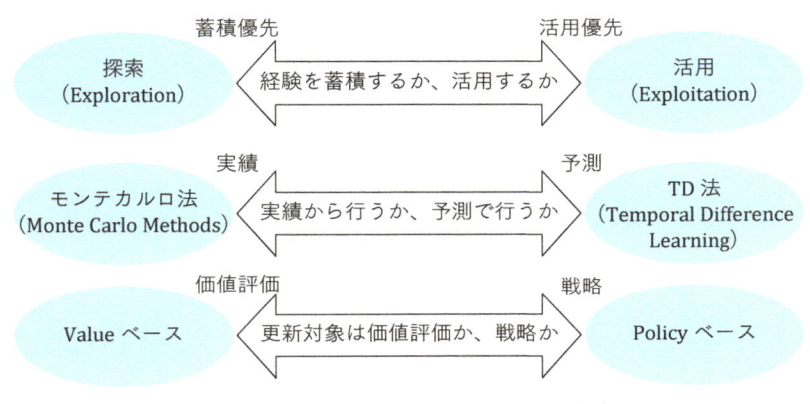

図 3-1　経験活用にあたっての、3 つの観点

本章を読むことで、以下の点が理解できます。

- **経験を活用する際の 3 つの観点**
- **各観点における対の関係**
- **各観点を代表する手法の実装方法**

では、始めていきましょう！

3.1　経験の蓄積と活用のバランス：Epsilon-Greedy 法

　本節では、まず経験の蓄積と活用のトレードオフについて解説します。次に、トレードオフのバランスをとるための手法として Epsilon-Greedy 法を紹介します。Epsilon-Greedy 法の解説では、その実装も行っていきます。

　環境の情報（遷移関数や報酬関数）が未知の場合、自ら行動することで状態の遷移、また得られる報酬について調査していくことになります。調査が目的の場合はなるべくいろいろな状態でいろいろな行動をとってみたほうがよいですが、この行動は「報酬を最大化する」という本来の目的からはズレたものになります。ロールプレイングゲームで、洞窟の完全なマップを作成するのと、洞窟をいち早く脱出するのとでは、目的が異なるのと同じです。

　どれぐらい調査目的の行動をして、どれぐらい報酬目的の行動をすべきか。これを「探索と活用のトレードオフ」（Exploration-exploitation trade-off）と呼びます。無限に行動できれば十分な探索の後に活用すればよいですが、多くの場合は行動回数に何かしらの制限があります。例えば、設定が異なる数台のスロットマシンから最大のコインを得ようとする場合、スロットマシンをプレイできる回数は手持ちの予算に依存します。そのため、予算のどれくらいを設定の調査にあて、どれくらいを（調査結果に基づいた）コイン獲得のプレイにあてるかを慎重に考える必要があります。

　トレードオフのバランスをとる手法として Epsilon-Greedy 法があります。これは、Epsilon の確率で調査目的の行動（探索）を行い、それ以外は活用目的の行動（Greedy な行動）を行うというものです。例えば、Epsilon の値が 0.2 なら、20%の確率で探索を行い、80%の確率で活用を行います。非常に単純な戦略ですが、現在でも利用されている方法になります。

　では、Epsilon-Greedy 法を実際に実装してみましょう。今回は何枚かのコインから 1 枚を選び、投げたとき表が出れば報酬が得られるゲームを考えます。なお、各コインの表の出る確率はバラバラです。そのため報酬を最大化するには、表が出る確率が高いコインを「探索」によりなるべく早く発見し、「活用」によりそのコインをたくさん投げることが重要になります。こうした問題は「多腕バンディット問題（Multi-armed bandit problem）」と呼ばれます。

　まずコイントスゲームの実装を行います。

code3-1

```python
import random
import numpy as np


class CoinToss():

    def __init__(self, head_probs, max_episode_steps=30):
        self.head_probs = head_probs
        self.max_episode_steps = max_episode_steps
        self.toss_count = 0
```

```python
    def __len__(self):
        return len(self.head_probs)

    def reset(self):
        self.toss_count = 0

    def step(self, action):
        final = self.max_episode_steps - 1
        if self.toss_count > final:
            raise Exception("The step count exceeded maximum. \
                            Please reset env.")
        else:
            done = True if self.toss_count == final else False

        if action >= len(self.head_probs):
            raise Exception("The No.{} coin doesn't exist.".format(action))
        else:
            head_prob = self.head_probs[action]
            if random.random() < head_prob:
                reward = 1.0
            else:
                reward = 0.0
            self.toss_count += 1
            return reward, done
```

head_probs は配列のパラメーターで、各コインの表が出る確率を指定します。
[0.1, 0.8, 0.3] なら、3 枚のコインを使ったゲームで表の出る確率はそれぞれ 0.1,
0.8, 0.3 という意味になります。

max_episode_steps はコイントスを行う回数で、self.toss_count がこの回数に達し
たらゲーム（エピソード）終了となります。デフォルトでは 30 回なので、30 回
以内に出た表の数が報酬となります。

step がコイントスに相当し、action はコインの選択になります。self.head_
probs[action] により action で選択されたコインの head_prob を取り出し、random.
random() < head_prob の場合、つまりそのコインで表が出た場合は報酬が 1 となり
ます。

続いて、Epsilon-Greedy 法に基づき行動するエージェントを作成します。この

エージェント（EpsilonGreedyAgent）は、作成する際に epsilon を指定します。self.V は、各コインの期待値を保存するための変数になります。各コインの期待値は、実際にコインを投げた結果（「探索」の結果）から計算されます。

policy が Epsilon-Greedy 法の根幹をなす処理です。といっても、中身の処理は epsilon の確率でランダムにコインを選択し（「探索」）、それ以外の場合各コインの期待値にそってコインを選択する（「活用」）という単純なものです。np.argmax は、配列の中で最大の値を持つ要素のインデックスを返してくれる便利な関数です。この場合は、期待値が最大であるコインの番号を選んでいることになります。

play は実際にコイントスゲームを行う処理です。期待値は「報酬」÷「回数」で計算するため、N に各コインを投げた回数を記録しています。今回得られた報酬は reward で、それまでの報酬は「期待値（self.V[selected_coin]）」×「投げた回数（N[selected_coin]）」で計算できます。これらを合計すると、今までに得られた報酬になります。これを回数で割れば新しい平均を計算できます。その計算が new_average = (coin_average * n + reward) / (n + 1) に該当します。獲得できた報酬は rewards に記録されます。rewards の合計がエピソードにおける報酬の総和ということとになります。

code3-2

```python
class EpsilonGreedyAgent():

    def __init__(self, epsilon):
        self.epsilon = epsilon
        self.V = []

    def policy(self):
        coins = range(len(self.V))
        if random.random() < self.epsilon:
            return random.choice(coins)
        else:
            return np.argmax(self.V)

    def play(self, env):
        # Initialize estimation.
        N = [0] * len(env)
        self.V = [0] * len(env)
```

```
        env.reset()
        done = False
        rewards = []
        while not done:
            selected_coin = self.policy()
            reward, done = env.step(selected_coin)
            rewards.append(reward)

            n = N[selected_coin]
            coin_average = self.V[selected_coin]
            new_average = (coin_average * n + reward) / (n + 1)
            N[selected_coin] += 1
            self.V[selected_coin] = new_average

        return rewards
```

では、実行してみましょう。

code3-3

```
if __name__ == "__main__":
    import pandas as pd
    import matplotlib.pyplot as plt

    def main():
        env = CoinToss([0.1, 0.5, 0.1, 0.9, 0.1])
        epsilons = [0.0, 0.1, 0.2, 0.5, 0.8]
        game_steps = list(range(10, 310, 10))
        result = {}
        for e in epsilons:
            agent = EpsilonGreedyAgent(epsilon=e)
            means = []
            for s in game_steps:
                env.max_episode_steps = s
                rewards = agent.play(env)
                means.append(np.mean(rewards))
            result["epsilon={}".format(e)] = means
        result["coin toss count"] = game_steps
        result = pd.DataFrame(result)
        result.set_index("coin toss count", drop=True, inplace=True)
        result.plot.line(figsize=(10, 5))
        plt.show()

    main()
```

　実装したコードを使い、探索と活用のバランスをとることの重要性を確認して
みましょう。具体的には、異なる epsilon 設定で、各コイントスの回数における
報酬の遷移を見てみます。基本的には、コイントスの回数が多くなるほど十分な
「探索」ができるため「活用」による 1 回あたりの報酬は 1 に近づいていくはずで
す。しかし、「探索」しすぎて活用の回数が少ない場合や「活用」しすぎて見積り
がいつまでも正確にならない場合はこの限りではありません。

　では、実験してみましょう。5 枚のコインを用意し（env = CoinToss([0.1, 0.5,
0.1, 0.9, 0.1])）、コイントスの回数を変えながら（for s in game_steps）、各エピ
ソードにおける 1 回のコイントスあたりの報酬（np.mean(rewards)）を記録してい
きます。各 epsilon で獲得された報酬は図 3-2 のようになります。横軸がコイント
スの回数、縦軸が 1 回のコイントスあたりの報酬になります。

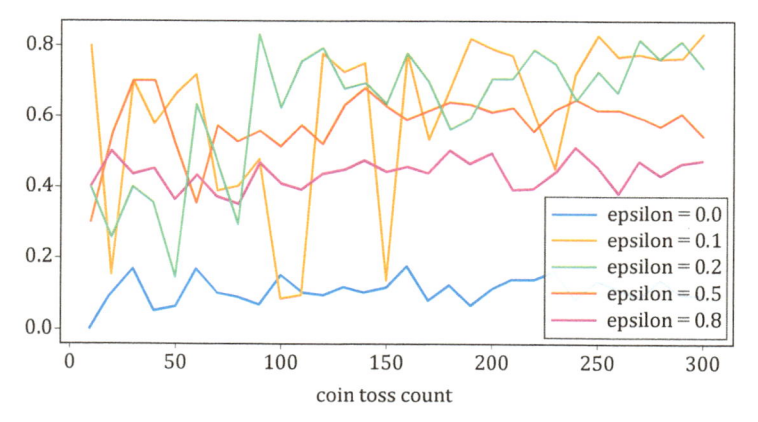

図 3-2　Epsilon の差異による、コイントスあたりの報酬の差異

　図 3-2 を見ると、「探索」に偏っている epsilon=0.5 や epsilon=0.8、また「活用」
しかしない epsilon=0.0 についてはコイントスの回数が増えてもあまり最初のほう
と変わらない報酬になっています。特に、探索をしない epsilon=0.0 では報酬が非
常に低いことがわかります。epsilon=0.1 また epsilon=0.2 は、コイントスの回数と
ともに報酬が向上していることが見てとれます。

epsilon は 0.1 前後に設定することが多いですが、適切な値は環境によって異なります。また、学習の進捗に併せ epsilon を下げていく手法も用いられます。前半は探索優先で経験を蓄積、後半は活用優先で報酬を獲得、という形になります。この実装は Day4 で行います。「探索」と「活用」をうまくバランスさせることが、報酬の最大化につながります。

3.2　計画の修正を実績から行うか、予測で行うか：Monte Carlo vs Temporal Difference

本節では行動の修正を実績に基づき行う場合と、予測により行う場合とのトレードオフについて解説します。その後、前者の手法としてモンテカルロ法（Monte Carlo Methods）、後者の手法として TD 法（Temporal Difference Learning）を紹介します。また、この間をとる手法として Multi-step Learning と TD（λ）法（ティーディーラムダ法）を紹介します。

エピソードが終了した後に、獲得できた報酬の総和をもとに修正を行うのはとてもシンプルな方法です。ただ、この場合エピソードが終了するまで修正はできなくなります。これは最適とはいえない行動とはわかっていてもエピソード終了まで続けないといけないということを意味しています。

予測で修正を行う場合、エピソードの終了を待たずに行動を修正することができます。これにより修正前の行動を延々と続けることを避けられますが、修正は現時点での見積りから行われるため正確性には欠けることになります。

つまり、実績か予測かという観点は、修正の妥当性をとるか速さをとるかのトレードオフであるといえます。実績をとる場合修正は 1 エピソード終了後、速さをとる場合最短なら 1 回行動した直後となります。1 エピソードの実績から修正を行う手法を Monte Carlo 法、1 回の行動直後に予測で修正を行う方法を TD 法（厳密には TD(0)）と呼びます。図 3-3 は、この違いを表した図です。TD 法（TD(0)）は 1step で、Monte Carlo 法は episode end までの結果から修正（Feedback）を行っています。

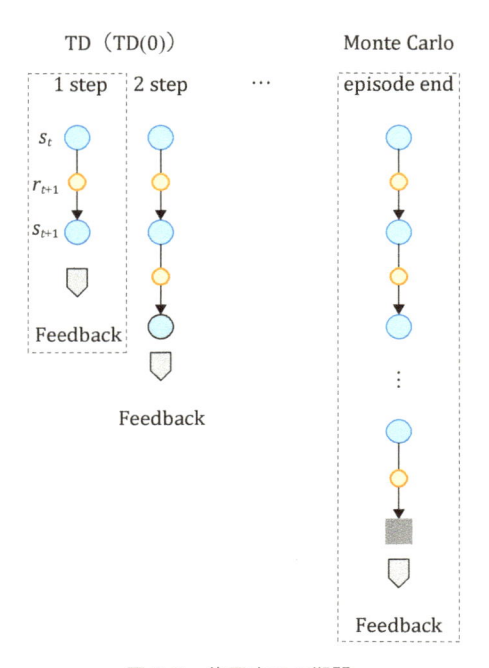

図 3-3　修正までの期間

　経験に基づく修正がどのように行われるかを見ていきましょう。図 3-4 は、状態 s から状態 s' へ遷移し、即時報酬 r が得られた、というシンプルな状態遷移を表しています。ここで、エージェントは行動前の時刻 t では状態 s における価値を $V(s)$ と見積もっていました。実際行動すると、即時報酬 r が得られ状態 s' に遷移しました。つまり、$V(s)$ と見積もっていたところ実際は $r + \gamma V(s')$（「即時報酬」＋「割引率」×「遷移先の価値」）が得られた、ということになります。

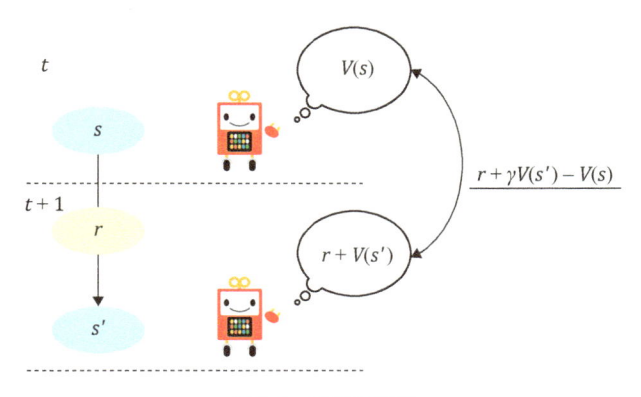

図 3-4　価値の差異

　見積りと実際との差異である $r + \gamma V(s') - V(s)$ は「誤差」となります。この誤差は時刻間（t と $t+1$）の差異ともいえるため、TD 誤差（Temporal Difference Error）と呼ばれます。これが「経験」の正体になります。

　経験による修正とは、この誤差を小さくするための処理になります。具体的には、以下のように価値の更新を行います。

$$V(s) \leftarrow V(s) + \alpha(r + \gamma V(s') - V(s))$$

　既存の見積りと実際の価値とのバランスをとるための係数が学習率（α）になります。学習率が 1 の場合は、$V(s)$ が完全に実際の価値（$r + \gamma V(s')$）で置き換えられます。

　さて、この例では t と $t+1$ の差異でしたが、$t+2$、$t+3$、…とどんどん増やしていくことも可能です。増やすほど実際の即時報酬 r が手に入り、エピソード終了まで行ってしまえば遷移先の価値（$V(s')$）はもはや必要ありません。これが Monte Carlo 法になります。TD 法と Monte Carlo 法の更新式を比較してみると、その違いがよくわかります。

TD 法

$$V(s_t) \leftarrow V(s_t) + \alpha(r_{t+1} + \gamma V(s_{t+1}) - V(s_t))$$

Monte Carlo 法（時刻 T でエピソード終了とする）

$$V(s_t) \leftarrow V(s_t) + \alpha((r_{t+1} + \gamma r_{t+2} + \gamma^2 r_{t+3} + \cdots + \gamma^{T-1} r_T) - V(s_t))$$

修正までの期間を、1 よりは大きく、T よりは小さい値に設定することも当然考えられます。これを Multi-step Learning と呼びます。Multi-step Learning では、2step や 3step が用いられることが多いです。また、各 step における実際の価値を合成して誤差を計算するという手法もあります。これが TD（λ）法です。TD（λ）法では、図 3-5 のように各 step における実際の価値を係数 λ を使い合算した結果から、誤差（TD（λ））を計算します。

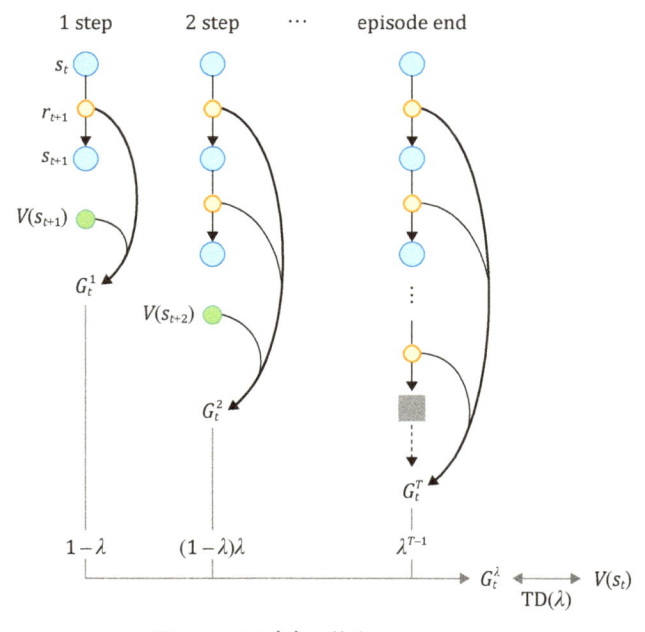

図 3-5　TD（λ）の算出

各 step における実際の価値は以下のように計算できます。

$$1\text{step}：G_t^1 = r_{t+1} + \gamma V(s_{t+1})$$
$$2\text{step}：G_t^2 = r_{t+1} + \gamma r_{t+2} + \gamma^2 V(s_{t+2})$$
$$\vdots$$
$$\text{episode end}：G_t^T = r_{t+1} + \gamma r_{t+2} + \cdots + \gamma^{T-1} r_T$$

各 step における実際の価値に、係数 λ を掛けて合計します。

$$G_t^\lambda = (1 - \lambda)\sum_{n=1}^{T}\lambda^{n-1} G_t^{(n)}$$

λ は 0 から 1 までの値で、λ が 0 の場合（TD(0)）は直前の行動以外の重みが 0 になります。これは TD 法と等価です。λ を増やしていくほど長いステップの経験を重視するようになり、TD(1) では最長の経験しか考慮しない Monte Carlo 法と等価になります。つまり、λ を調整することでどれだけ実績重視かを調整することができます。

　理論的な解説は以上になります。ここからは、実際に実装を行いより理解を深めていきましょう。本節では、Monte Carlo 法と、TD 法を使用した学習方法である Q-learning を実装します。まず、これから実装するエージェントのベースになるクラスと、環境を扱うためのクラスを実装します。解説するコードは、以下のファイルです。

EL/el_agent.py

code3-4

```python
import numpy as np
import matplotlib.pyplot as plt

class ELAgent():

    def __init__(self, epsilon):
```

```python
        self.Q = {}
        self.epsilon = epsilon
        self.reward_log = []

    def policy(self, s, actions):
        if np.random.random() < self.epsilon:
            return np.random.randint(len(actions))
        else:
            if s in self.Q and sum(self.Q[s]) != 0:
                return np.argmax(self.Q[s])
            else:
                return np.random.randint(len(actions))

    def init_log(self):
        self.reward_log = []

    def log(self, reward):
        self.reward_log.append(reward)
```

　policy には先ほど紹介した Epsilon-Greedy 法に基づく戦略が実装されています。epsilon の確率でランダムな行動（探索）を行い、それ以外の場合は価値評価（self.Q）に基づき行動します（活用）。self.Q は、状態における行動の価値（行動価値）を格納します。self.Q[s][a] なら状態 s で行動 a をとる場合の価値となります。init_log は、エージェントが獲得した報酬を記録する self.reward_log を初期化するための関数です。報酬の記録は log 関数により行います。記録した獲得報酬は、以下の show_reward_log により可視化します。

code3-5

```python
    def show_reward_log(self, interval=50, episode=-1):
        if episode > 0:
            rewards = self.reward_log[-interval:]
            mean = np.round(np.mean(rewards), 3)
            std = np.round(np.std(rewards), 3)
            print("At Episode {} average reward is {} (+/-{}).".format(
                   episode, mean, std))
        else:
            indices = list(range(0, len(self.reward_log), interval))
            means = []
            stds = []
            for i in indices:
                rewards = self.reward_log[i:(i + interval)]
                means.append(np.mean(rewards))
```

```python
            stds.append(np.std(rewards))
    means = np.array(means)
    stds = np.array(stds)
    plt.figure()
    plt.title("Reward History")
    plt.grid()
    plt.fill_between(indices, means - stds, means + stds,
                        alpha=0.1, color="g")
    plt.plot(indices, means, "o-", color="g",
            label="Rewards for each {} episode".format(interval))
    plt.legend(loc="best")
    plt.show()
```

show_reward_log では episode の指定がある場合はその episode の報酬、ない場合は今まで獲得した報酬をグラフにして表示します。

続いて、今回使用する FrozenLake-v0 という環境を扱うためのクラスを用意します。解説するコードは、以下のファイルです。

EL/frozen_lake_util.py

FrozenLake-v0 は、強化学習を行うための環境を提供するライブラリ OpenAI Gym に収録されている環境の１つです。４×４のマスの迷路で、所々に穴が開いており穴に落ちるとゲーム終了となります。穴に落ちずゴールに到達できれば報酬が得られます。スタート、ゴール、穴の位置は以下のような設定になっています（S がスタート、G がゴール、H が穴になります）。

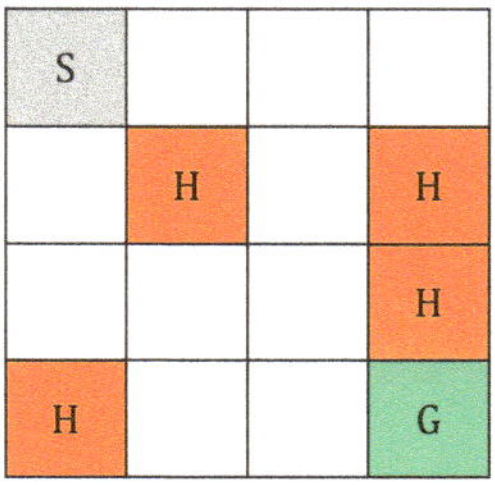

図 3-6　４×４の FrozenLake-v0 の設定

　ただ、"FrozenLake" の名前の通りスリップをする可能性があり、望んだ方向に進める確率は 1/3 となっています。例えば、上に進もうとした場合逆方向である下以外の方向（左右）にも同じ確率で進む可能性があります。デフォルトのこの設定では学習に時間がかかるため、今回はスリップしない設定にしています。具体的には、スリップする設定（`is_slippery`）をオフにした `FrozenLakeEasy-v0` を `register`により定義しています。実装は以下のようになります。

code3-6

```python
import numpy as np
import matplotlib.pyplot as plt
import matplotlib.cm as cm
import gym
from gym.envs.registration import register
register(id="FrozenLakeEasy-v0", entry_point="gym.envs.toy_text:FrozenLakeEnv",
         kwargs={"is_slippery": False})


def show_q_value(Q):
    env = gym.make("FrozenLake-v0")
    nrow = env.unwrapped.nrow
    ncol = env.unwrapped.ncol
    state_size = 3
    q_nrow = nrow * state_size
    q_ncol = ncol * state_size
    reward_map = np.zeros((q_nrow, q_ncol))

    for r in range(nrow):
        for c in range(ncol):
            s = r * nrow + c
            state_exist = False
            if isinstance(Q, dict) and s in Q:
                state_exist = True
            elif isinstance(Q, (np.ndarray, np.generic)) and s < Q.shape[0]:
                state_exist = True

            if state_exist:
                # At the display map, the vertical index reversed.
                _r = 1 + (nrow - 1 - r) * state_size
                _c = 1 + c * state_size
                reward_map[_r][_c - 1] = Q[s][0] # LEFT = 0
                reward_map[_r - 1][_c] = Q[s][1] # DOWN = 1
                reward_map[_r][_c + 1] = Q[s][2] # RIGHT = 2
                reward_map[_r + 1][_c] = Q[s][3] # UP = 3
                reward_map[_r][_c] = np.mean(Q[s]) # Center
```

```
fig = plt.figure()
ax = fig.add_subplot(1, 1, 1)
plt.imshow(reward_map, cmap=cm.RdYlGn, interpolation="bilinear",
           vmax=abs(reward_map).max(), vmin=-abs(reward_map).max())
ax.set_xlim(-0.5, q_ncol - 0.5)
ax.set_ylim(-0.5, q_nrow - 0.5)
ax.set_xticks(np.arange(-0.5, q_ncol, state_size))
ax.set_yticks(np.arange(-0.5, q_nrow, state_size))
ax.set_xticklabels(range(ncol + 1))
ax.set_yticklabels(range(nrow + 1))
ax.grid(which="both")
plt.show()
```

　show_q_value は行動価値を可視化するための関数です。引数として受け取る Q は、
各状態（迷路のマス）における各行動（上下左右）の価値を記録したものと想定し
ます。Q を可視化するため、1 つの状態につき以下のような 3 × 3 のマスを作成
します（中央は平均の値を設定します）。

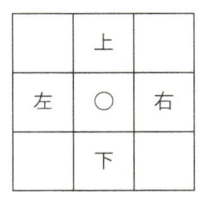

図 3-7　各状態における各行動を可視化するための 3 × 3 のマス

　全体としては 4 × 4 の迷路における各マスを、3 × 3 に区切り可視化する関数
と思っていただければよいです。

　これで準備が整いました。まず Monte Carlo 法から実装してみましょう。

code3-7

```python
import math
from collections import defaultdict
import gym
from el_agent import ELAgent
from frozen_lake_util import show_q_value


class MonteCarloAgent(ELAgent):

    def __init__(self, epsilon=0.1):
        super().__init__(epsilon)

    def learn(self, env, episode_count=1000, gamma=0.9,
              render=False, report_interval=50):
        self.init_log()
        self.Q = defaultdict(lambda: [0] * len(actions))
        N = defaultdict(lambda: [0] * len(actions))
        actions = list(range(env.action_space.n))

        for e in range(episode_count):
            s = env.reset()
            done = False
            # 1. Play until the end of episode.
            experience = []
            while not done:
                if render:
                    env.render()
                a = self.policy(s, actions)
                n_state, reward, done, info = env.step(a)
                experience.append({"state": s, "action": a, "reward": reward})
                s = n_state
            else:
                self.log(reward)

            # 2. Evaluate each state, action.
            for i, x in enumerate(experience):
                s, a = x["state"], x["action"]

                # Calculate discounted future reward of s.
                G, t = 0, 0
                for j in range(i, len(experience)):
                    G += math.pow(gamma, t) * experience[j]["reward"]
                    t += 1

                N[s][a] += 1 # count of s, a pair
                alpha = 1 / N[s][a]
```

```
        self.Q[s][a] += alpha * (G - self.Q[s][a])

    if e != 0 and e % report_interval == 0:
        self.show_reward_log(episode=e)
```

　`learn` が Monte Carlo 法の学習を行うための関数です。`self.Q` には前述の通り行動価値が記録されます。`N` は状態における行動の回数になります。`N[s][a]` なら状態 s で行動 a をとった回数になります。これは、後で説明する通り価値の平均を計算するために利用しています。

　Monte Carlo 法ではエピソードが終了してから評価を行うため、まずエピソードが終了するまでプレイします。これでエピソード終了に至るまでの各状態における即時報酬がすべて判明します。続いて各状態における価値を計算しますが、前述の通り即時報酬がすべて判明しているため、Day1 で最初に定義した「価値」の定義式が使えます。

$$G_t \overset{\text{def}}{=} r_{t+1} + \gamma r_{t+2} + \gamma^2 r_{t+3} + \cdots + \gamma^{T-t-1} r_T = \sum_{k=0}^{T} \gamma^k r_{t+k+1}$$

　先の状態における即時報酬ほど割引率で割り引き、合計します。これが `G` となります。

　計算した割引現在価値で、`self.Q[s][a]` を更新します。更新式は `self.Q[s][a] += alpha * (G - self.Q[s][a])` になりますが、これは `G` の平均値を `self.Q[s][a]` にセットしているのと等価になります。式を変形すると `self.Q[s][a] = self.Q[s][a](1 - alpha) + alpha * G` となりますが、これは新しい `self.Q[s][a]` の `(1 - alpha)` 分が今までの `self.Q[s][a]`、`alpha` 分が `G` ということを表しています。イメージ的には図 3-8 のようになります。

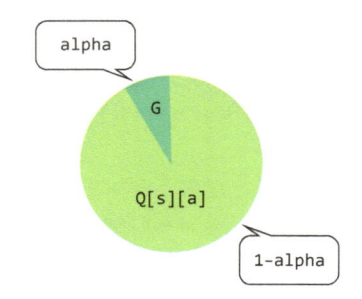

図 3-8　Q[s][a] の更新のイメージ

　つまり、alpha は既存の見積り報酬（self.Q[s][a]）と、実際の報酬（G）のバランスをとっています。これは先に紹介した学習率そのものです。

　エピソード終了までプレイし、そこで得た報酬をもとに各時刻 i での状態・行動の割引現在価値 G を計算し、self.Q[s][a] を更新する。この更新を episode_count 分繰り返す。これが Monte Carlo 法の全貌となります。

　なお、今回は G を計算する際、各時刻から先（range(i, len(experience))）を対象にしています。一方、計算の起点を各状態・行動が最初に登場した時刻にそろえる手法もあります（イメージ的には range(first(s, a), len(experience)) となります）。前者を Every-Visit、後者を First-Visit と呼びます。今回は Every-Visit の実装になります。

　最後に、以下の train を実行し動作を確認してみましょう。

code3-8

```python
def train():
    agent = MonteCarloAgent(epsilon=0.1)
    env = gym.make("FrozenLakeEasy-v0")
    agent.learn(env, episode_count=500)
    show_q_value(agent.Q)
    agent.show_reward_log()

if __name__ == "__main__":
```

```
train()
```

実行結果は以下のようになります。

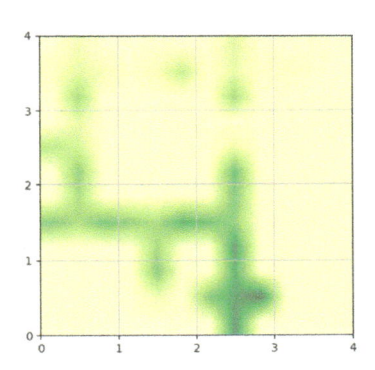

図 3-9　Monte Carlo 法による各状態・行動の評価

FrozenLake の設定と並べて見てみましょう。

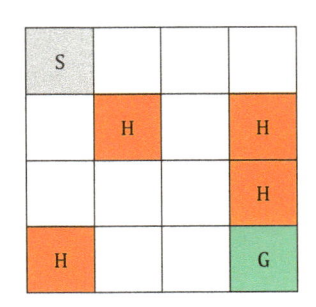 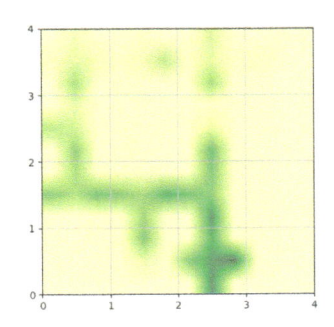

図 3-10　左：FrozenLake の設定、右：Monte Carlo 法による各状態・行動の評価

　各状態・行動の評価は緑が濃いほど高いことを意味しています。全体として、ゴールに向かう行動は高く、穴へ向かう行動は低く評価されていることがわかります。図 3-11 はその一例となります。

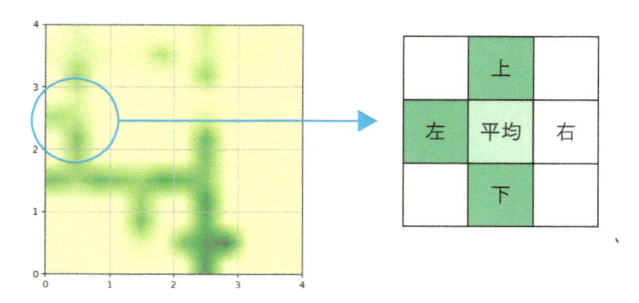

図 3-11　2 段目最初のマス（状態）における、各行動の評価の図説

学習したエピソード数と、獲得報酬の平均をプロットしたものが図 3-12 です。平均は 50 エピソード単位であり、50 回すべてゴールに到達できた場合 1 になります。図上では 1.2 まで表示されていますが、1.2 になることはありません。薄い緑のエリアは分散で、これが小さいほど安定して報酬が獲得できていることを意味します。基本的に学習したエピソード数が増えるほど獲得報酬平均が高く、また安定することがわかります。

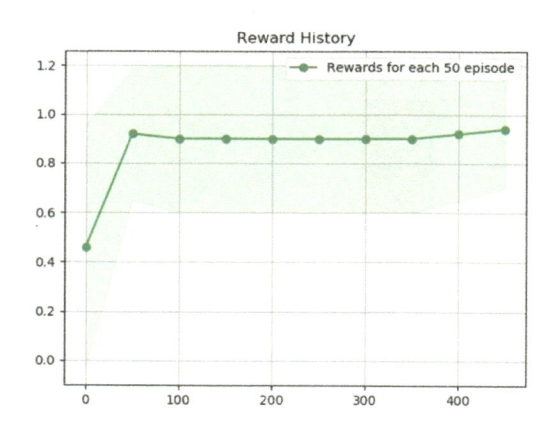

図 3-12　Monte Carlo 法の学習におけるエピソード数と獲得報酬平均の推移

学習したエピソード数は計 500 回となっています。50 エピソード付近で報酬が 1 の近くに達しており、ほぼ学習が完了していることがわかります。終盤では、

ばらつきも減ってきていることがわかります。最悪のケース（薄い緑のエリアの下側）でも半分以上はゴールに到達できていることがわかるので、なかなかといえるでしょう。

　続いて、TD 法についても実装を行います。TD 法を利用した学習にはいくつか種類がありますが、代表的な Q-learning（Q 学習）を実装します。

　Q-learning の「Q」についてですが、状態における行動の価値（$Q(s, a)$）を慣例的に Q 値といい、Q 値を学習する手法であるため Q-learning と呼ばれています。なぜ「Q」と呼ぶのかについては quality の Q という説がありますが、Q-learning が提唱された "Learning from Delayed Rewards" では明確な記述はなく、謎に包まれています。学習には TD 法が使われるのが一般的ですが、言葉の意味的には TD 法以外の学習でも「Q」-learning にはなると思います。なお、「Q」に対し「V」は状態の価値を表す記号としてよく用いられます。

　Q 値を出力する関数は Q-function（Q 関数）、Q 値を収めたテーブル（今回使用しているような Q[s][a]）は Q-table と呼ばれます。では、Q-learning を実装してみます。

code3-9

```python
from collections import defaultdict
import gym
from el_agent import ELAgent
from frozen_lake_util import show_q_value


class QLearningAgent(ELAgent):

    def __init__(self, epsilon=0.1):
        super().__init__(epsilon)

    def learn(self, env, episode_count=1000, gamma=0.9,
              learning_rate=0.1, render=False, report_interval=50):
        self.init_log()
        self.Q = defaultdict(lambda: [0] * len(actions))
        actions = list(range(env.action_space.n))
        for e in range(episode_count):
            s = env.reset()
```

```
            done = False
            while not done:
                if render:
                    env.render()
                a = self.policy(s, actions)
                n_state, reward, done, info = env.step(a)

                gain = reward + gamma * max(self.Q[n_state])
                estimated = self.Q[s][a]
                self.Q[s][a] += learning_rate * (gain - estimated)
                s = n_state

            else:
                self.log(reward)

            if e != 0 and e % report_interval == 0:
                self.show_reward_log(episode=e)
```

Q-learning における `self.Q[s][a]` の更新は、まさに TD 学習の更新方法として紹介した式と同等になっています。

$$V(s_t) \leftarrow V(s_t) + \alpha(r_{t+1} + \gamma V(s_{t+1}) - V(s_t))$$

`gain` が `reward + gamma * max(self.Q[n_state])`、すなわち獲得した「報酬」＋「割引率」×「遷移先の価値」を表しています。これが $r_{t+1} + \gamma V(s_{t+1})$ に対応します。遷移先の価値の算出にあたっては、Value ベースの考え方をとっています。具体的には「価値が最大になるような行動 a をとること」(`max(self.Q[n_state])`) を前提にしています。つまり、Q-learning は Value ベースの手法になります。`estimated` が `self.Q[s][a]`、すなわち既存の見積り $V(s_t)$ に対応しています。実装と数式がよく対応していることがわかると思います。

最後に、学習を実行するコードを実装します。

code3-10

```
def train():
    agent = QLearningAgent()
    env = gym.make("FrozenLakeEasy-v0")
```

```
    agent.learn(env, episode_count=500)
    show_q_value(agent.Q)
    agent.show_reward_log()

if __name__ == "__main__":
    train()
```

実行結果は以下のようになります。

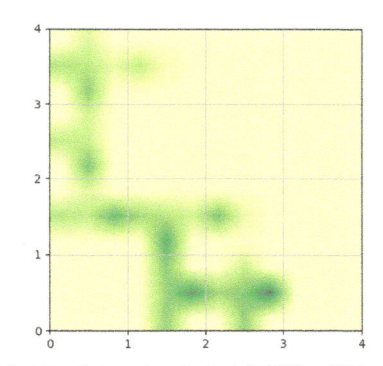

図 3-13　Q-learning による各状態・行動の評価

図 3-14　Q-learning の学習におけるエピソード数と獲得報酬平均の推移

Monte Carlo 法と同様に、うまく学習できていることがわかります。

　最後に、Monte Carlo 法と Q-learning のメリット・デメリットをまとめておきます。それぞれのメリット・デメリットは経験の反映方法と直結しています。Monte Carlo 法は実際 1 エピソードをプレイした実績に基づく更新が可能です。ただ「プレイした結果」は偶発的なものの可能性があります。「柳の下の泥鰌」ということわざがありますが、Monte Carlo 法では「泥鰌」という報酬が得られた場合「柳の下に行く」一連の行動を高く評価します。しかし、泥鰌が得られたのがそもそも偶然という可能性は考慮されません。端的には、1 エピソードの結果への依存が大きいといえます。この依存を低減するには、エピソード数を多くする必要があります。

　一方、Q-learning の場合は 1 回の行動直後に更新を行うため、エピソード結果への依存は低くなります。また、行動修正のスピードが早いため Monte Carlo 法より一般的に学習が効率的です。ただ、更新は見積りベースになってしまうため、適切な行動を獲得できるかは Monte Carlo 法に比べて不確実になります。見積りの計算がパラメーターを持つ関数（ニューラルネットワークなど）で行われる場合は、その初期値への依存も高くなります。

　近年の研究では、Monte Carlo 法と TD 法の間をとる Multi-step Learning がよく用いられている印象があります。Day4 で紹介する深層学習を利用した先進的な手法（Rainbow、A3C/A2C、DDPG、また APE-X DQN など）はいずれも Multi-step Learning を採用しています。

3.3　経験を価値評価、戦略どちらの更新に利用するか：Value ベース vs Policy ベース

　最後に、経験を「価値評価」の更新に使うか、「戦略」の更新に使うかという違いを見ていきます。これは、Value ベースか、Policy ベースか、という観点と同じになります。いずれも先ほど紹介した経験（＝TD 誤差）を学習に利用する点には変わりありませんが、その適用先が異なります。2 つの違いを見ていくとともに、両方を更新する二刀流ともいえる手法について紹介します。

　Value ベースと Policy ベースの大きな違いは、行動選択の基準でした。Value ベースは価値が最大となる状態に遷移するよう行動が選択されることを前提とし、

Policy ベースは戦略に基づいて行動が選択されることを前提とします。戦略を前提としない前者の基準を Off-policy と呼びます（戦略がない =Off）。これに対し、戦略を前提とする後者を On-policy と呼びます。

　Q-learning を例にとりましょう。Q-learning の更新対象は「価値評価」であり、行動選択の前提は Off-poicy です。これは Q-learning が「価値が最大になるような行動 a をとること」（max(self.Q[n_state])）を前提にしていることからも明らかです。これに対し、更新対象が「戦略」で「On-poicy」な手法が存在します。それが SARSA（State–Action–Reward–State–Action）です。

　Q-learning と SARSA は更新対象と行動選択の前提が異なりますが、実装はとてもよく似ています。以下は SARSA の実装ですが、Q-learning との違いを見つけることができるでしょうか。

code3-11

```python
from collections import defaultdict
import gym
from el_agent import ELAgent
from frozen_lake_util import show_q_value

class SARSAAgent(ELAgent):

    def __init__(self, epsilon=0.1):
        super().__init__(epsilon)

    def learn(self, env, episode_count=1000, gamma=0.9,
              learning_rate=0.1, render=False, report_interval=50):
        self.init_log()
        self.Q = defaultdict(lambda: [0] * len(actions))
        actions = list(range(env.action_space.n))
        for e in range(episode_count):
            s = env.reset()
            done = False
            a = self.policy(s, actions)
            while not done:
                if render:
                    env.render()
                n_state, reward, done, info = env.step(a)
```

```python
            n_action = self.policy(n_state, actions) # On-policy
            gain = reward + gamma * self.Q[n_state][n_action]
            estimated = self.Q[s][a]
            self.Q[s][a] += learning_rate * (gain - estimated)
            s = n_state
            a = n_action
        else:
            self.log(reward)

        if e != 0 and e % report_interval == 0:
            self.show_reward_log(episode=e)
```

実行のためコードは以下のようになります。

code3-12

```python
def train():
    agent = SARSAAgent()
    env = gym.make("FrozenLakeEasy-v0")
    agent.learn(env, episode_count=500)
    show_q_value(agent.Q)
    agent.show_reward_log()

if __name__ == "__main__":
    train()
```

最後に、実行してみましょう。実行結果は以下のようになります。

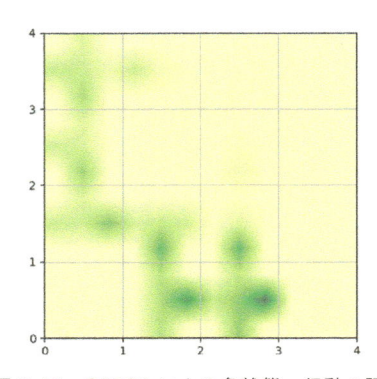

図 3-15　SARSA による各状態・行動の評価

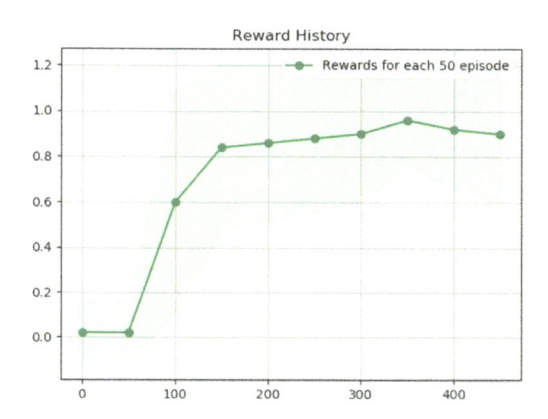

図 3-16 SARSA の学習におけるエピソード数と獲得報酬平均の推移

Q-learning と SARSA の違いは、`gain` の箇所に現れています。

Q-learning

```
gain = reward + gamma * max(self.Q[n_state])
```

SARSA

```
gain = reward + gamma * self.Q[n_state][n_action]
```

Q-learning では、価値が最大となる状態に遷移する行動をとることを前提とします（`max(self.Q[n_state])`）。一方 SARSA では、次の行動は `self.Q` 基づく戦略（`self.policy`）に従って決められることを前提とします（`self.Q[n_state][n_action]`）。つまり、価値の見積りに際して戦略に従った行動がとられることを前提としており、On-policy です。そして、`self.Q` の更新は `self.policy`、つまり戦略に反映されます。Q-learning も SARSA も実装の上ではそれほど違いはないのですが、その考え方が異なることがわかります。

Off-policy と On-policy という前提の違いはエージェントの行動にどんな影響を与えるでしょうか。直感的には Off-policy の場合は常に最善の行動をとることを前提とするため楽観的、それに比べ On-policy の場合は現在の戦略に基づくた

め現実的、という形になりそうです。

　実験を行うことで、前提による違いを可視化してみましょう。楽観的と現実的の差異を見るために、リスクの高い設定で実験を行います。具体的には epsilon を少し高めにして、さらに穴に落ちた場合マイナスのペナルティを与えるようにします。普段よりグラグラした足場で（epsilon が高くランダムな行動が発生しやすい）、かつ落ちたら痛い（マイナスのペナルティ）というようなイメージです。実験結果は図 3-17 になります（EL/compare_q_s.py を実行することで確認できます）。

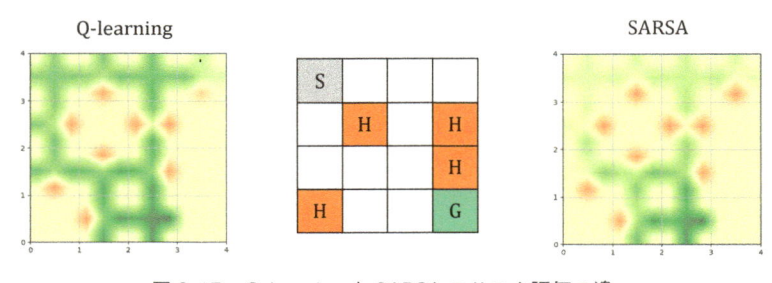

図 3-17　Q-learning と SARSA のリスク評価の違い

　SARSA より Q-learning の行動価値が高めになっています。これは Q-learning では最善の行動を前提とする、つまりむざむざ穴に落ちるような行動をとることは想定しないためです。SARSA の場合は戦略による行動、つまり穴に落ちてしまうような行動の揺らぎ（高めの epsilon）が考慮されます。この点が、価値の差につながっています。

　最後に、Value ベースと Policy ベースを組み合わせた手法を紹介します。そのために、まず SARSA と Day2 で学んだ Policy Iteration の違いについて解説します。SARSA では戦略と価値評価は 1 つの Q-table（self.q）で行われていました。しかし、Policy Iteration では戦略と価値評価は別個に行われていました。これは、コードを見比べてみるとわかります。

SARSA

```python
n_action = self.policy(n_state, actions) # On-policy
gain = reward + gamma * self.Q[n_state][n_action]
```

Policy Iteration

```python
policy_action = take_max_action(self.policy[s])
r += prob * (reward + gamma * V[next_state])
```

　SARSA では行動の決定（戦略）も価値評価も同じ self.Q が使われています。これに対し、Policy Iteration では行動の決定は self.policy、価値評価は戦略をもとにして計算した状態価値 v によって行われます。

　Policy Iteration は、「戦略」と「価値評価」が分けて考えられることを示唆しています。この着想に基づき、戦略担当を Actor、価値評価担当を Critic とし、Actor と Critic を相互に更新して学習する手法を Actor Critic 法と呼びます。これが、Value ベースと Policy ベースを組み合わせた手法になります。実装コードを見てみましょう。

code3-13

```python
import numpy as np
import gym
from el_agent import ELAgent
from frozen_lake_util import show_q_value


class Actor(ELAgent):

    def __init__(self, env):
        super().__init__(epsilon=-1)
        nrow = env.observation_space.n
        ncol = env.action_space.n
        self.actions = list(range(env.action_space.n))
        self.Q = np.random.uniform(0, 1, nrow * ncol).reshape((nrow, ncol))

    def softmax(self, x):
        return np.exp(x) / np.sum(np.exp(x), axis=0)

    def policy(self, s):
        a = np.random.choice(self.actions, 1,
                             p=self.softmax(self.Q[s]))
```

```
        return a[0]
```

　Actor は今まで通り `ELAgent` を継承したエージェントになっていますが、Epsilon-Greedy 法は使用していません。行動は `self.Q` の値によって決定されます。`self.Q` は、最初すべての行動を等しくとるよう `np.random.uniform` で初期化しています。Policy Iteration を実装する際も、各行動をとる確率が等しくなるように `self.policy` を初期化したことを思い出してください。

　`softmax` は複数の値を確率値にしてくれる関数で、端的には、複数の値を合計したら 1 になる値に変換してくれます。`self.Q[s]` には状態 s における各行動の価値が入っており、`softmax` を使うことでこの価値を「各行動の行動確率」に変換できます。こうして計算された各行動の行動確率に基づいて、行動を選択します。この処理に使用しているのが `np.random.choice` になります。

　続いて、価値評価を行う Critic 側を見てみましょう。

code3-14

```python
class Critic():

    def __init__(self, env):
        states = env.observation_space.n
        self.V = np.zeros(states)
```

　非常にシンプルな実装となっています。定義の中心は状態価値を格納する `self.V` で、この状態価値を使い Actor 側の行動価値を更新します。

　これで戦略担当、価値評価担当は定義できたため、2 つを学習させるコードを実装します。

code3-15

```python
class ActorCritic():

    def __init__(self, actor_class, critic_class):
```

```
        self.actor_class = actor_class
        self.critic_class = critic_class

    def train(self, env, episode_count=1000, gamma=0.9,
              learning_rate=0.1, render=False, report_interval=50):
        actor = self.actor_class(env)
        critic = self.critic_class(env)

        actor.init_log()
        for e in range(episode_count):
            s = env.reset()
            done = False
            while not done:
                if render:
                    env.render()
                a = actor.policy(s)
                n_state, reward, done, info = env.step(a)

                gain = reward + gamma * critic.V[n_state]
                estimated = critic.V[s]
                td =  gain - estimated
                actor.Q[s][a] += learning_rate * td
                critic.V[s] += learning_rate * td
                s = n_state

            else:
                actor.log(reward)

            if e != 0 and e % report_interval == 0:
                actor.show_reward_log(episode=e)

        return actor, critic
```

　大きなポイントは、gain の計算を行う際に Critic による評価値が使われている点です。

Actor Critic

```
    gain = reward + gamma * critic.V[n_state]
```

　得られた TD 誤差は Actor、Critic それぞれの更新に利用されます。Actor にとっては状態における行動評価（Q 値）の更新、Critic にとっては状態価値の更新に利用されます。まさに Value ベースと Policy ベースの二刀流となっています。

実行のためのコードは以下のようになります。

code3-16

```python
def train():
    trainer = ActorCritic(Actor, Critic)
    env = gym.make("FrozenLakeEasy-v0")
    actor, critic = trainer.train(env, episode_count=3000)
    show_q_value(actor.Q)
    actor.show_reward_log()

if __name__ == "__main__":
    train()
```

最後に、実行してみましょう。実行結果は以下のようになります。

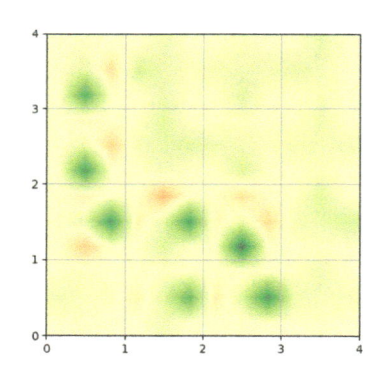

図 3-18　Actor Critic 法による各状態・行動の評価（Actor の Q 値）

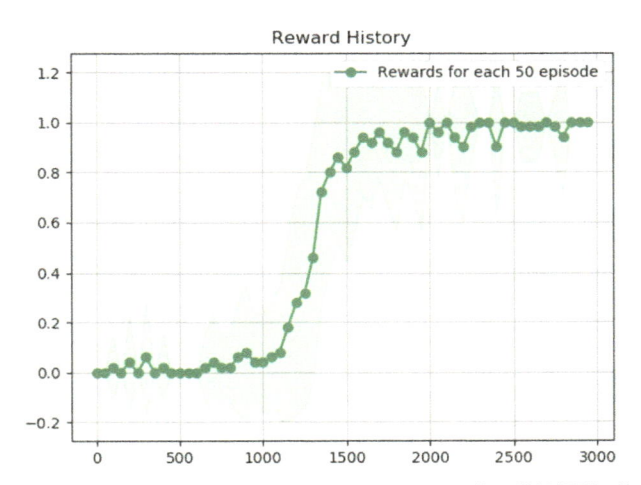

図 3-19　Actor Critic 法の学習におけるエピソード数と獲得報酬平均の推移

　今までの手法より学習にかかるエピソード数は長くなっていますが、その分最終的には安定した報酬が獲得できるようになっていることがわかります。

　Day3 では、自ら行動し「経験」を積むことで計画を立てるモデルフリーの手法を紹介しました。「経験」の活用に際しては以下 3 つのポイントがありました。

1.　経験の蓄積と活用のバランス
2.　計画の修正を実績から行うか、予測で行うか
3.　経験を価値評価、戦略どちらの更新に利用するか

　1 点目は、「探索と活用のトレードオフ」と呼ばれる問題でした。例として、表が出る確率が異なるコインを投げるゲームにおいて、定められた投げる回数のうちどれだけをコインの探索（表が出る確率の調査）に使い、どれだけを探索結果の活用（表が出る確率が高いと思われるコインを投げ続ける）に使うか、という問題を取り上げました。この問題設定は多腕バンディット問題と呼びました。そして、トレードオフのバランスをとるシンプルな方法として、epsilon の確率で探索と活用を切り分ける Epsilon-Greedy 法を紹介しました。

　2点目は、「経験」をどう計算するかという問題でした。経験とは行動する前の価値の見積りと、実際行動して得られた価値との差異であり、これを TD 誤差と呼びました。実際の行動を何回とって差異を計算するかは、1回だけかエピソード終了までかという幅があり、1回だけで行う場合は TD 法（TD（0）、Q-learning）、エピソード終了までで行う場合は Monte Carlo 法となりました。これらの間をとる手法として Multi-step Learning、組み合わせる手法として TD（λ）法を紹介しました。実際の行動が多いほど実際の即時報酬（実績）に基づいた更新が可能な一方、更新のタイミングが遅れるというトレードオフがありました。

　3点目は、経験を「価値評価」と「戦略」どちらの更新に利用するかという問題でした。これは Value ベースの手法か、Policy ベースの手法かという観点と同義でした。価値を見積る際に、価値が最大となる行動が選択されると想定することを Off-policy、戦略に基づく行動が選択されると想定することを On-policy と呼びました。更新対象と価値を見積る前提、この2つが異なる Q-learning と SARSA 双方を実装し、実装と学習される行動の差異を確認しました。そして、Value ベースと Policy ベースの二刀流ともいえる Actor Critic 法についても解説しました。Day3 で学んだ観点で強化学習の手法を分類すると、表 3-1 のようになります。

表 3-1　Day3 で登場した観点による手法の分類

	経験の計算		更新対象		見積り前提	
	予測	実績	価値	戦略	Off	On
Q-learning	○		○		○	
Monte Carlo		○	○		○	
SARSA	○			○		○
Actor Critic	○		○	○		
Off-policy Actor Critic	○		○	○	○	
On-policy Monte Carlo Control		○	○	○		○
Off-policy Monte Carlo Control		○	○	○	○	

　Monte Carlo Control は、Policy Iteration を Monte Carlo 法で行ったような手法です。Off-policy の Monte Carlo Control では常に価値評価が最大の行動をと

るように戦略を修正しますが、On-policy では他の行動についても確率が 0 にならないようにします。

　Off-policy Actor-Critic は、Actor Critic の枠組みで Off-policy のような単一の（deterministic な）行動選択を学習させるための手法になります。これは単一の「値」を出力する必要がある連続値のコントロールにおいて重要な手法になります（詳細は “Deterministic Policy Gradient Algorithms” を参照してください）。Off-policy Actor-Critic は、Day4 で紹介する深層学習により連続値コントロールを行う手法（DDPG）のベースとなっています。

　Day3 の段階で、強化学習における主要な手法はほぼ網羅されています。現在提案されているさまざまな手法も、Day3 で紹介した手法をベースにしているものが大半です。例えば、人間並みの精度でゲームをプレイしたと話題になった Deep Q-Network はその名前の通り Q-learning がベースですし、Actor Critic は A3C/A2C といった手法のベースになっています。

　Day3 の手法から最新の手法へとステップアップするための 1 つのポイントとして、「Q 値の算出」があります。今までの実装では、Q[s][a] という形で全状態における各行動の価値をテーブル形式（Q-table）で保持してきました。しかし、このままでは状態や行動が増えた際に破たんすることは目に見えています。また、連続値で表現される状態や行動は、テーブル化するのが難しいです。そのため、テーブルではない形で Q 値を算出する方法が必要になります。

　パラメーターを持った関数で Q 値の算出を行う、というのが 1 つの解決方法になります。全パターンを記録するのでなく、数式とそのパラメーターで状態と行動評価の関係性を表現しようというわけです。先にいってしまうと、この「パラメーターを持った関数」としてニューラルネットワーク／ディープニューラルネットワークを使う手法がいわゆる「深層強化学習」と呼ばれる手法であり、Deep Q-Network はその筆頭になります。

　Day4 では、Q 値の算出を関数で行う方法と、その関数としてニューラルネットワークを利用する方法について学んでいきます。

Day 4

強化学習に対するニューラルネットワークの適用

　Day4 では、価値評価や戦略をパラメーターを持った関数で実装する方法を解説します。これにより、Day3 で行っていたテーブル管理では扱いづらい連続的な状態や行動にも対応ができるようになります。

　「パラメーターを持った関数」といわれてもピンとこないかもしれませんが、$y = ax + b$ という簡単な式でも立派な「パラメーターを持った関数」です。この式では、a, b が「パラメーター」となります。

　実際に、$y = ax + b$ という式を使い価値評価を行ってみます。サンプルとして、図 4-1 のような迷路の環境を考えます。ここでは、状態は迷路内のマス（座標）であり、行動は上下左右への移動となります。「状態を入力したら各行動の価値が出力される」とする場合、x が状態で y が各行動の価値となります。図 4-1 では、状態として座標（3 行 2 列目）が入力され、各行動の価値（0.1、0.5、0.7、0.2）が出力されています。

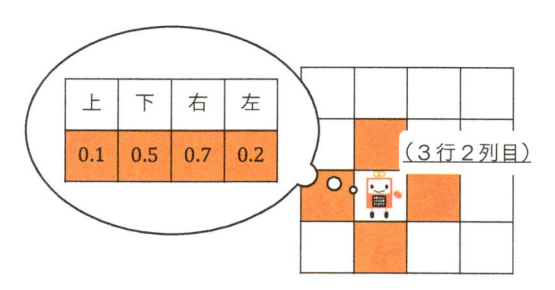

図 4-1　迷路の環境における、状態からの行動価値の計算

　入力が座標 (x_1, x_2)、出力が各行動の価値（$y_1 \sim y_4$）という形で $y = ax + b$ を書き直すと以下のようになります。

$$
\begin{bmatrix} y_1 \\ y_2 \\ y_3 \\ y_4 \end{bmatrix} = \begin{bmatrix} a_{11} & a_{12} \\ a_{21} & a_{22} \\ a_{31} & a_{32} \\ a_{41} & a_{42} \end{bmatrix} \begin{bmatrix} x_1 \\ x_2 \end{bmatrix} + \begin{bmatrix} b_1 \\ b_2 \\ b_3 \\ b_4 \end{bmatrix}
$$

　Day3 では、価値の見積り誤差（TD 誤差）を小さくするように学習しました。同様に、TD 誤差が小さくなるよう関数のパラメーター（$a_{11} \sim a_{42}, b_1 \sim b_4$）を調整すれば、価値評価の計算を学習することができます。Day3 では Q[s][a] というテーブル内の値を更新することで学習しましたが、Day4 では関数のパラメーターを調整することで学習するということです。

　Day4 では、このように価値評価や戦略を関数で表現する方法と、その学習方法（パラメーターの調整方法）を解説していきます。関数として、ニューラルネットワークを使用する方法についても解説します。近年の強化学習ではニューラルネットワークが使用されることが多いですが、その意味では本章をもって、いよいよ先進的な強化学習の世界へと足を踏み入れることになります。

　本章を読むことで、以下の点が理解できます。

■ **関数として、ニューラルネットワークを適用するメリット**

- **価値評価を、パラメーターを持った関数で実装する方法**
- **戦略を、パラメーターを持った関数で実装する方法**

では、始めていきましょう！

4.1 強化学習にニューラルネットワークを適用する

強化学習にニューラルネットワークを適用する前に、ニューラルネットワーク自体の解説をしておきます。具体的には、以下 3 点を解説します。

- **ニューラルネットワークの仕組み**
- **ニューラルネットワークを強化学習に適用するメリット**
- **ニューラルネットワークを適用したエージェントを学習させるためのフレームワーク**

4.1.1 ニューラルネットワークの仕組み

本節ではニューラルネットワークの仕組みと、その実装方法を紹介します。ニューラルネットワークの仕組み、また実装について解説を行った書籍や記事は昨今多く登場しているため、すでに知っているという方も多いかと思います。その場合は、本節は読み飛ばしが可能です。

本書では、ニューラルネットワークの実装に TensorFlow および scikit-learn というライブラリを使用します。TensorFlow については、その内部のモジュールである Keras（tf.keras）を中心に扱います。Keras はもともと TensorFlow から独立したライブラリでしたが、2017 年に TensorFlow 内部に取り込まれました（今でも TensorFlow とは独立して使うことは可能です）。Keras を利用することで、TensorFlow を直接使用するよりも簡単にニューラルネットワークを実装することができます。

これからニューラルネットワークの解説に入りますが、皆さんはすでにニューラルネットワークを見ていたことにお気づきでしょうか。それは、以下の式です。

$$\begin{bmatrix} y_1 \\ y_2 \\ y_3 \\ y_4 \end{bmatrix} = \begin{bmatrix} a_{11} & a_{12} \\ a_{21} & a_{22} \\ a_{31} & a_{32} \\ a_{41} & a_{42} \end{bmatrix} \begin{bmatrix} x_1 \\ x_2 \end{bmatrix} + \begin{bmatrix} b_1 \\ b_2 \\ b_3 \\ b_4 \end{bmatrix}$$

　これは立派な 1 層のニューラルネットワークです。つまり、ニューラルネットワークの実体とは、入力された値に重み（Weight）を掛け、値（バイアス（Bias））を足す処理の連続です。重みと値、またそれを適用する処理をセットにして層（レイヤ：Layer）と呼びます。実際に TensorFlow で 1 層のニューラルネットワークを実装すると、以下のようになります。

code4-1

```python
import numpy as np
from tensorflow.python import keras as K

model = K.Sequential([
    K.layers.Dense(units=4, input_shape=((2, ))),
])

weight, bias = model.layers[0].get_weights()
print("Weight shape is {}.".format(weight.shape))
print("Bias shape is {}.".format(bias.shape))

x = np.random.rand(1, 2)
y = model.predict(x)
print("x is ({}) and y is ({})".format(x.shape, y.shape))
```

　`K.Sequential` は複数の層をまとめるためのモジュールで、 今回は 1 つの層（`K.layers.Dense(units=4, input_shape=((2, )))`）しかないことから 1 層のニューラルネットワークであるということがわかります。`K.layers.Dense` は重みとバイアスを持ち、入力に対し重みをかけ、バイアスを足す処理を行う層です。入力のサイズは座標と同じく 2（`input_shape=((2, ))`)、出力のサイズは行動価値と同じく 4（`units=4`）と定義されています。

　実行してみると、以下のように出力されます。

code4-2

```
Weight shape is (2, 4).
Bias shape is (4,).
x is ((1, 2)) and y is ((1, 4))
```

　座標である x は 2 行 1 列、行動価値である y は 4 行 1 列でしたが、出力結果は逆になっています。これは、座標を 1 行 2 列のデータ（np.random.rand(1, 2)）として入力しているためです。Keras を含め、多くの深層学習を実装するフレームワークでは行をデータの数（バッチサイズ）を表すのに使うため、それに合わせています。結果として、重み（a）、バイアス（b）、出力（y）の形も変わっています。ただ、本質的な計算は変わっていません。$y = ax + b$ という式は、K.layers.Dense(units=4, input_shape=((2,))) という 1 層のニューラルネットワークで体現されています。

　$y = ax + b$ で表される計算処理は、ちょうど入力と出力のノードがすべて結ばれている（＝全結合である）ネットワークの処理と等価になります。そのため Fully Connected（FC）、また結合が密であることを指し Dense と呼ばれます。

　実際のネットワークでは、1 層より多くの層を重ねることが多いです。ある層の出力が、次の層の入力になるといった形です。この層が多い場合に、多層ニューラルネットワーク、いわゆる「ディープ」ニューラルネットワーク（DNN）と呼ばれます。出力と入力の間には関数を挟むことがよく行われますが、この関数を活性化関数（Activation function）と呼びます。そして、出力・活性化関数・次の層への入力…と値を渡していく処理を、伝播（Propagation）といいます。ちょうどバケツリレーのような形になるため、前に進める（＝Forward）と呼ばれることもあります。

　伝播処理を行う際は、データ 1 件ずつではなく複数件まとめて行うことが多いです。このまとめた単位をバッチ（Batch）と呼びます。多くのフレームワークでは「行」をデータの数を表すことに使うと説明しましたが、それはバッチ単位でデータを扱うためです。状態を表す座標データ（x_1, x_2）をバッチとしてまとめる場合、以下のように表現できます。

$$\begin{bmatrix} \left[x_1^1, \ x_2^1 \right] \\ \left[x_1^2, \ x_2^2 \right] \\ \left[x_1^3, \ x_2^3 \right] \end{bmatrix}$$

　これは、3件の座標をまとめたバッチになります。「バッチサイズ3のデータ」ともいいます。バッチ単位の計算は、以下のような実装となります。

code4-3

```python
import numpy as np
from tensorflow.python import keras as K

# 2-layer neural network.
model = K.Sequential([
    K.layers.Dense(units=4, input_shape=((2, )),
                    activation="sigmoid"),
    K.layers.Dense(units=4),
])

# Make batch size = 3 data (dimension of x is 2).
batch = np.random.rand(3, 2)

y = model.predict(batch)
print(y.shape) # Will be (3, 4)
```

　先ほどの例から層を1つ増やしていますが、基本的な処理は変わりません。1層目から2層目へ値を送る際には、活性化関数（activation="sigmoid"）を適用しています。

　関数をニューラルネットワークで実装する方法についての解説は以上です。ここまでで、ニューラルネットワークを通じ入力から出力を得られるようになりました。続いて、出力が正確な値となるようパラメーターを調整する方法、つまりニューラルネットワークの学習方法について見ていきます。

　ニューラルネットワークの学習は、伝播とは逆向きに行われます。つまり、出力側から「（出力が）どれくらい間違っていたか」を伝えていくことで各層の重み

とバイアスを調整します。この処理を、誤差逆伝播法（Backpropagation）と呼びます。Forward と対比させ、Backward と呼ぶこともあります。

　各層のパラメーターがどう調整されるかは、勾配（Gradient）により決定されます。勾配はざっくりいえば傾きで、パラメーターの調整方向を示します。$y = ax + b$ のケースで、実際に勾配を求めてみましょう。$y = ax + b$ の計算を図式化したものが図 4-2 になります。青字は、実際に値を入れた場合の計算結果です。

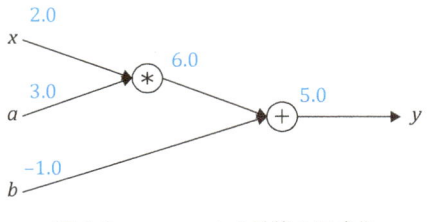

図 4-2　$y = ax + b$ の計算の図式化

　ここで求めたいのは、パラメーター a, b の勾配です。勾配は微分（Derivative）により求められますが、a についての微分、b についての微分、というように単一の変数に関する微分を偏微分（Partial derivative）と呼びます。式で表すと $\dfrac{\partial y}{\partial a}$ と $\dfrac{\partial y}{\partial b}$ となります。それぞれ、パラメーター a, b の変化が出力 y にどれだけ影響を与えるかを表します。実際に計算すると、図 4-3 のようになります。

　値の計算には微分の知識が必要ですが、それほど難しい計算はありません。y に対する y の変化率は当然 1 なので、$\dfrac{\partial y}{\partial y}$ は 1 となります。$ax = z$ とおくと、$y = ax + b$ は $y = z + b$ となります。これを z、b で偏微分した場合それぞれ 1 になります。これは、双方の係数が 1 であることから明らかです。

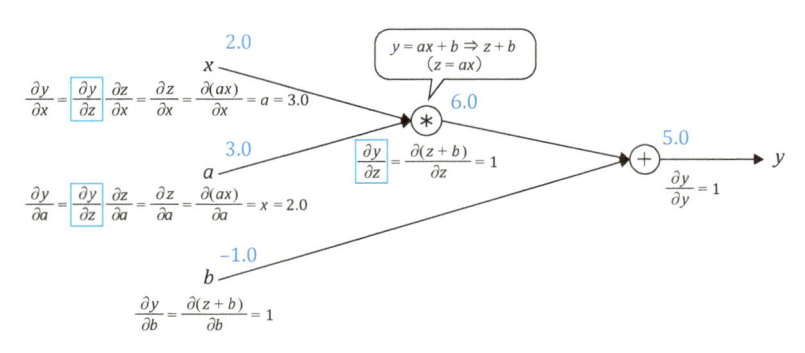

図 4-3　勾配の計算結果

重み a の偏微分 $\dfrac{\partial y}{\partial a}$ は、$\dfrac{\partial y}{\partial z}\dfrac{\partial z}{\partial a}$ と分解して求めています。これを<u>連鎖律（Chain rule）</u>と呼びます。連鎖律により、1 つ前の計算ステップの値（$\dfrac{\partial y}{\partial z}$）を使用して勾配を求めることができます。連鎖律を繰り返すことで、ニューラルネットワーク内の各層の勾配を計算することができます。

$\dfrac{\partial y}{\partial a}$, $\dfrac{\partial y}{\partial b}$ が求まることで、重み a, b の変化に対する出力 y の変化がわかります。例えば、$\dfrac{\partial y}{\partial a}$ は 2.0 であるため、a を 1 増やせば y は 2 増えることがわかります。これは、$y = ax + b$ において今回 x が 2 であることから明らかです（$y = 2a + b$）。この勾配の計算を誤差の式（<u>誤差関数 Loss function</u>/<u>目的関数 Objective function</u>）について行うことで、各パラメーターが誤差にどう影響しているのかがわかります。例えば、あるパラメーターの勾配がプラスである場合、そのパラメーターは誤差を大きくするのに寄与しているため小さくするようにします（マイナスの場合その逆になります）。

　勾配の方向にどれだけパラメーターを動かすかについては、さまざまな調整手法があります。代表的なものに<u>確率的勾配降下法</u>（Stochastic Gradient Descent：<u>SGD</u>）や本書でも利用する <u>Adaptive Moment Estimation</u>（<u>Adam</u>）などがあります（ちなみに Adam に対する Eve もあります）。実装上では、Optimizer と呼ばれ

ることが多いです。勾配を計算し、Optimizer により適用する。これが学習の基本的な流れになります。

　ここまでで、ニューラルネットワークの仕組みと学習方法を理解できました。仕上げとして、機械学習の解説でよく使用されるボストン市の住宅価格予測をニューラルネットワークで解いてみましょう。

　住宅価格のデータセットは、13 の特徴量（住宅の部屋数や、人口 1 人あたりの犯罪発生数など）と住宅価格がセットになっています。つまり、今回のニューラルネットワークは 13 の変数（X）から 1 つの値（y）を出力する形になります。そして、学習は予測した価格と実際の住宅価格との差異が小さくなるように、パラメーターを調整することで行います。実装は以下のような形になります。

code4-4

```python
import numpy as np
from sklearn.model_selection import train_test_split
from sklearn.datasets import load_boston
import pandas as pd
import matplotlib.pyplot as plt
from tensorflow.python import keras as K


dataset = load_boston()

y = dataset.target
X = dataset.data

X_train, X_test, y_train, y_test = train_test_split(
    X, y, test_size=0.33)

model = K.Sequential([
    K.layers.BatchNormalization(input_shape=(13,)),
    K.layers.Dense(units=13, activation="softplus", kernel_regularizer="l1"),
    K.layers.Dense(units=1)
])
model.compile(loss="mean_squared_error", optimizer="sgd")
model.fit(X_train, y_train, epochs=8)

predicts = model.predict(X_test)
result = pd.DataFrame({
```

```
    "predict": np.reshape(predicts, (-1,)),
    "actual": y_test
})
limit = np.max(y_test)

result.plot.scatter(x="actual", y="predict", xlim=(0, limit), ylim=(0, limit))
plt.show()
```

　model が数式の実体になります。BatchNormalization はデータの正規化（Normalization）を行うための処理です。正規化とは、イメージ的には同じモノサシで値を測れるようにするための処理です。例えばテストにおいて、同じ「80点」でも平均点が 80 点のテストと 30 点のテストとでは意味するところが異なります。この場合正規化を行うことで、同じ値が同じ意味を持つように調整することが可能です。今回使用する 13 の特徴量はそれぞれ値の範囲がバラバラなため、平均 0、分散 1 にそろえています。

　なお本来、正規化はモデルの中でなく外で行います。ただ、今回はコードを簡易にするためモデルの中に組み込んでいます。実質的な model の層は 2 層です。最初の層では活性化関数として softplus を使用し、続く層で出力を 1 つに集約しています（units=1）。

　kernel_regularizer は正則化（Regularization）を行うための設定です。正則化とは、層で使用される重みの値に制限をかける手法です。制限をかけない場合、学習したデータだけに通じる予測を獲得してしまうことがあるため（これを過学習（Overfitting）と呼びます）、それを防止する措置になります。

　今回は値の差異を最小化したいため、最小化する対象として二乗誤差（Mean Squared Error）を指定しています（loss="mean_squared_error"）。このような、最小化の対象となる式が誤差関数/目的関数です。最適化には、確率的勾配降下法（SGD）を使用しています（optimizer="sgd"）。

　実際に実行すると、図 4-4 のようになります。図 4-4 は実際の価格と予測価格をプロットしたもので、完全に一致していれば対角線上に点が乗ることになります。おおむね、予測ができていることがわかるかと思います。

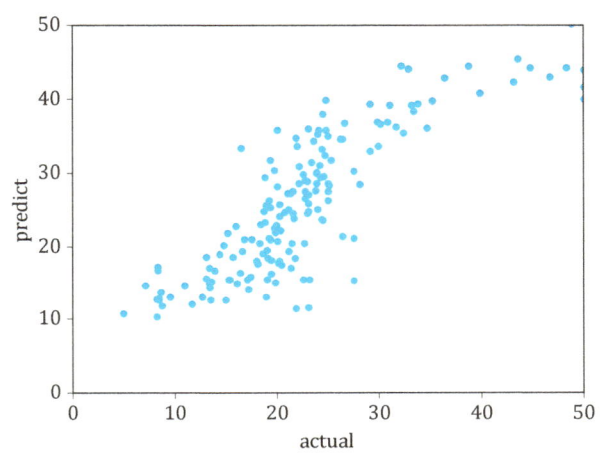

図 4-4　　住宅価格の予測結果

　以上で、ニューラルネットワークの仕組みと実装方法が理解できたかと思いま
す。ただ、普通のニューラルネットワークはそれほど強力なモデルというわけで
はありません。現在の活躍には、タスクに応じた層構成が提案されてきたことが
大きく寄与しています。具体的には、画像認識に強い畳み込みニューラルネット
ワーク（Convolutional Neural Network：CNN）や、系列データを扱うのに適した
再帰型ニューラルネットワーク（Recurrent Neural Network：RNN）などです。

　タスクに特化したニューラルネットワークは、層から層への値の伝播という基
本的な仕組みを踏襲しつつもタスクで扱うデータ（画像・系列）の特徴をとらえ
るために特別な重みのかけ方や伝播を行います。このような柔軟性はニューラル
ネットワークの特徴の1つであり、現在もさまざまな構成のネットワークが提案
されています。

　画像に特化した CNN は、強化学習にとって「画面を入力とする行動獲得」を可能
にしたという意味でインパクトの大きい手法です。本書でも扱う Deep Q-Network
はゲーム画面を入力として強化学習を行った手法であり、人間のプレイヤーを超
えるスコアを叩きだしたと話題になりました。

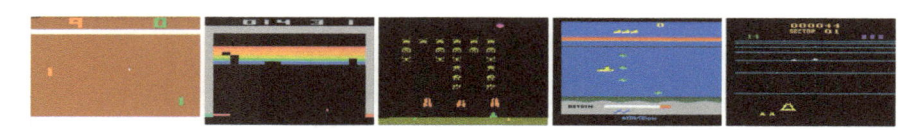

図 4-5　Deep Q-Network の適用例
[Playing Atari with Deep Reinforcement Learning, Figure1 より引用]

Deep Q-Network は、その後の強化学習に大きな影響を及ぼす 2 つの証明を行いました。1 点目は CNN により状態として画面を直接利用することができること、2 点目は画面からの学習でも人間に匹敵するレベルの行動を獲得することが可能であることです。「画面・画像を見て行う作業」は人間の活動のうち多くを占める部分でもあり、非常にインパクトの大きい研究成果となりました。この流れは現在でも続いており、さまざまなタスクをより高い精度で行えるよう研究が行われています。CNN 以外のニューラルネットワークの技術も活用されていますが、最もインパクトが大きいのはやはり CNN といえます。

では CNN とはどのような仕組みなのでしょう。その点について、解説を行っていきます。

CNN は人間の視覚野にヒントを得たネットワーク構造です。具体的な処理としては、画像の部分領域を集約するという操作を階層的に行っていきます。「画像の部分領域を集約する」処理を<u>畳み込み</u>（Convolution）といい、これが画像というデータに特化した特別な重みのかけ方になります（なお、畳み込み自体はより一般的な処理であり、この解説は画像に特化した狭義の「畳み込み」となります）。畳み込みの処理を行う層を<u>畳み込み層</u>（Convolutional layer）と呼びます。また、重みを使わない集約を行う層を<u>プーリング層</u>（Pooling layer）と呼びます。具体的には、部分領域の平均や最大値をとるなどの処理です。

図 4-6 は、CNN における伝播処理を図式化したものです。左側で与えられた車の画像（INPUT）を「畳み込み（CONVOLUTION）＋ 活性化関数（RELU）」、「プーリング（POOLING）」、「畳み込み（CONVOLUTION）＋ 活性化関数（RELU）」…と層を通じ伝播していっていることがわかります。最後にそれまでの処理結果

をいったんすべて横に並べ（FLATTEN と呼ばれる処理です）、通常のニューラルネットワークと同じ伝播に切り替えて画像の種別を出力しています（CAR なのか TRUCK なのかなど）。これが CNN の基本的な仕組みなります。

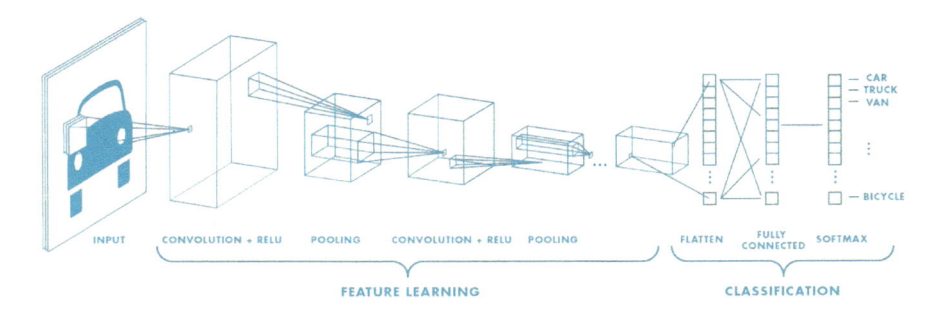

図 4-6　CNN の処理プロセス
［https://jp.mathworks.com/solutions/deep-learning/convolutional-neural-network.html より引用］

　CNN では一般的に入力に近い畳み込み層ほど基礎的な特徴をとらえており、入力から離れるにつれ（深い層になるにつれ）より高次の特徴をとらえているといわれています（図 4-7）。

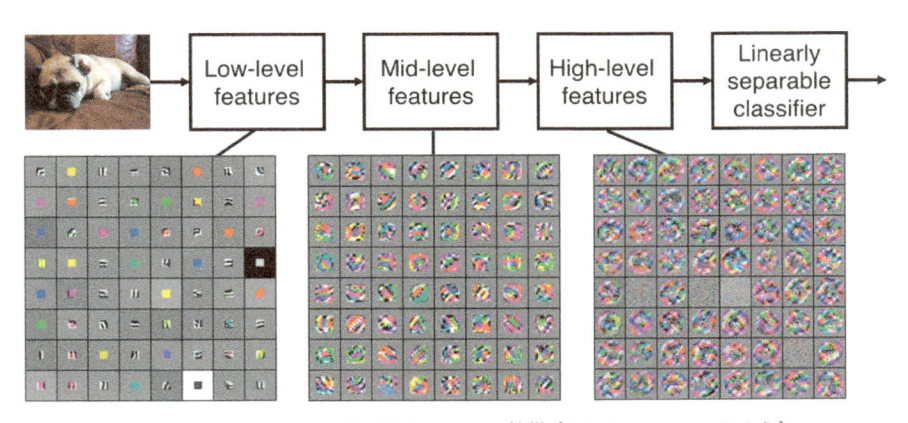

図 4-7　CNN のフィルタがとらえている特徴（CS231n Lecture5 より）
［http://cs231n.stanford.edu/syllabus.html より引用］

　では、CNN の中核である畳み込みの処理を理解していきましょう。CNN におけ
る畳み込みとは、一定領域内の値を 1 つの値に集約する処理になります（図 4-8）。

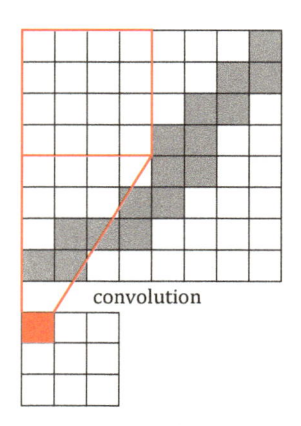

図 4-8　畳み込み処理の図式化

　「一定領域」はフィルタ（カーネル）と呼ばれます。フィルタ内の領域には深さ
が存在するため、実際の「一定領域」は立方体になります。

　フィルタによる畳み込みは、位置をずらしながら行います。畳み込む領域を少
し重ねることで、隣り合う領域との関係も認識できるようにします。ずらす幅は
ストライド（Strides）と呼ばれます（図 4-9）。

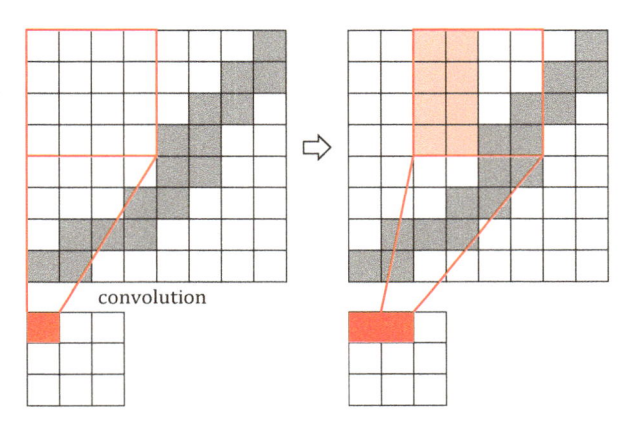

図 4-9　位置をずらしながら行う畳み込み

　この方式の場合、端の領域については畳み込まれる回数が少なくなってしまいます。そのため、画像の周りを少し拡張し端の値についても情報がとれるようにします。この端を拡張する処理をパディング（Padding）といいます。通常畳み込みを行うとフィルタのサイズに応じて出力は小さくなりますが、パディングを行うことでフィルタサイズ分を補い同じサイズを維持することも可能です。

　では、実際に CNN を実装してみましょう。実装するにあたっては、機械学習ではおなじみの手書き数字のデータを使用します。データは 8 × 8 のグレースケール画像で、数字の種類（クラス）は 0 から 9 までの全 10 種類となります。

code4-5

```python
import numpy as np
from sklearn.model_selection import train_test_split
from sklearn.datasets import load_digits
from sklearn.metrics import classification_report
from tensorflow.python import keras as K


dataset = load_digits()
image_shape = (8, 8, 1)
num_class = 10
```

```python
y = dataset.target
y = K.utils.to_categorical(y, num_class)
X = dataset.data
X = np.array([data.reshape(image_shape) for data in X])

X_train, X_test, y_train, y_test = train_test_split(
    X, y, test_size=0.33)

model = K.Sequential([
    K.layers.Conv2D(
        5, kernel_size=3, strides=1, padding="same",
        input_shape=image_shape, activation="relu"),
    K.layers.Conv2D(
        3, kernel_size=2, strides=1, padding="same",
        activation="relu"),
    K.layers.Flatten(),
    K.layers.Dense(units=num_class, activation="softmax")
])
model.compile(loss="categorical_crossentropy", optimizer="sgd")
model.fit(X_train, y_train, epochs=8)

predicts = model.predict(X_test)
predicts = np.argmax(predicts, axis=1)
actual = np.argmax(y_test, axis=1)
print(classification_report(actual, predicts))
```

dataset.target には画像の数字を表す値（0 〜 9）が入っています。これに対して、予測は各数字に該当する確率を算出するため、10 個の確率値となります。単一値と 10 個の値では形式が合わないため、dataset.target の値をサイズが 10 で、該当するクラスの箇所に 1、それ以外は 0 が入っているベクトル（One-hot ベクトル、図 4-10）に変換します（K.utils.to_categorical）。

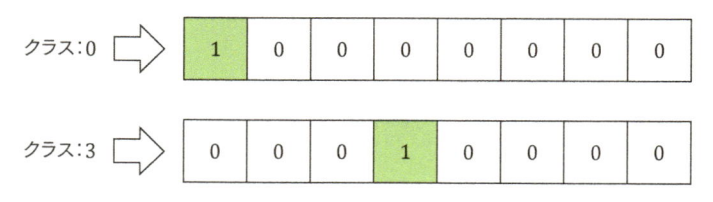

図 4-10　One-hot ベクトル

　dataset.data には 64 個のピクセル値が並んだものが入っています。これは「幅」×「高さ」という画像の形式になっていないため、8 × 8 × 1 のサイズに成形しています（data.reshape(image_shape)）。

　モデルの中核となる、畳み込み層の定義を見てみましょう。以下の処理がどういう意味か、これまでの解説からわかるでしょうか。

code4-6

```
K.layers.Conv2D(
    5, kernel_size=3, strides=1, padding="same",
    input_shape=image_shape, activation="relu")
```

　kernel_size=3 からフィルタのサイズは 3 × 3、strides=1 からストライドの幅が 1 とわかります。最初の 5 はフィルタの枚数を表しています。フィルタ 1 枚につき 1 つの畳み込み後の画像（特徴マップと呼ばれます）が得られます。padding="same" であるため、フィルタサイズ分を補うようパディングが行われています。activation="relu" から、畳み込んだ後の特徴マップに適用される関数（活性化関数）として ReLU という関数が使われていることがわかります。図 4-11 は、この処理を図で表したものです。

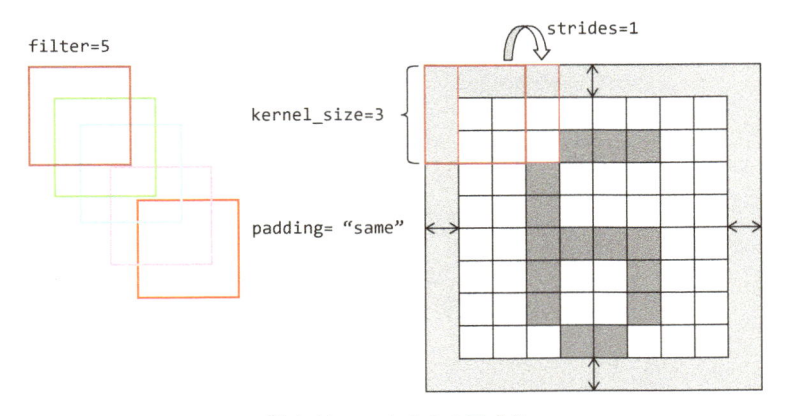

図 4-11　code4-6 の図式化

　CNN の解説で示したように、畳み込み層の出力をクラスの予測につなげるために `Flatten` という処理を行っています。これは、3 次元の特徴マップを 1 次元のベクトルに変換する処理です。その後は全結合層を使用しサイズがクラス数（`units=num_class`）、中身の値が各クラスに該当する確率であるベクトルを出力しています。`softmax` はこうした複数クラスの確率値を出力するための活性化関数になります。`categorical_crossentropy` は、出力された確率値と実際のクラス（One-hot ベクトル）を比較するための誤差関数です。

　実際に実行すると、90％程度の精度が獲得できていることがわかると思います。以上が、ニューラルネットワーク、また画像に特化した CNN についての解説となります。

4.1.2　ニューラルネットワークを強化学習に適用するメリット

　ニューラルネットワークを利用する最大のメリットは、人間が実際に観測している「状態」に近いデータをエージェントの学習にも使用できる点です。具体的には、画像や音声といったデータになります。これまでの強化学習では、ゲームであれば人間が画像からプレイヤーや敵、障害物の位置を情報を読み取ってモデルに渡してやる必要がありました。というのも、エージェントにとってゲーム画面は単なる RGB の数値の集まりであり、そこから意味のある情報を読み取るのが難しかったためです。

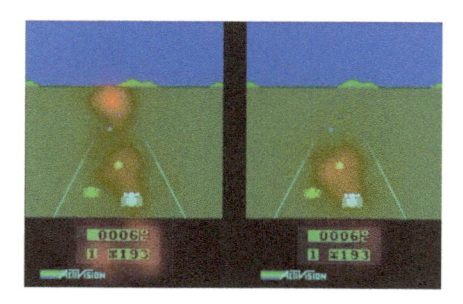

図 4-12　エージェントが高く評価している状態の可視化
［Dueling Network Architectures for Deep Reinforcement Learning, Figure2 より引用］

　前節でも述べた通り、ニューラルネットワーク、特に CNN はまさに「エージェ

ント自身が画面から情報を得る」ことを可能にしました。図 4-12 は CNN を利用した強化学習の論文から引用したもので、エージェントが高く評価している状態を可視化しています。

これはレースゲームですが、左の画像では先の道路、右の画像では他の車に着目していることがわかります（このゲームでは、他の車に衝突するとアウトになります）。人間が教えずとも、ゲーム画面のどこに注目すべきかを学習したわけです。これがニューラルネットワークの力になります。

このように革新的な影響を与えたニューラルネットワークですが、もたらしたのはメリットだけではありません。この点については Day5 で詳しく解説しますが、端的には学習にとても時間がかかるというデメリットがあります。「時間がかかる」というのは数分というレベルではなく、十数時間〜数日というレベルの話です。この計算時間も演算に特化した GPU（Graphics Processing Unit）というハードウェアを使ったうえでの話であり、GPU を使わないと学習自体難しいのが現状です。

そのため、ニューラルネットワークを利用した強化学習ではデメリットを軽減するための設計を行う必要があります。次節では、以降の実装を行うための基本的なモジュール構成について解説を行います。なお、設計の背景にある意図についてはデメリットを解説する Day5 で詳しく述べます。

4.1.3　ニューラルネットワークで強化学習を実装する際のフレームワーク

Day4 の実装では以下のようなモジュール構成をとっています。

- **Agent：パラメーターを持った関数（ニューラルネットワーク）で実装されたエージェント**
- **Trainer：エージェントの学習を行うモジュール**
- **Observer：環境から取得される「状態」の前処理を行うモジュール**
- **Logger：学習経過の記録を行うモジュール**

全体像は図 4-13 のようになります。

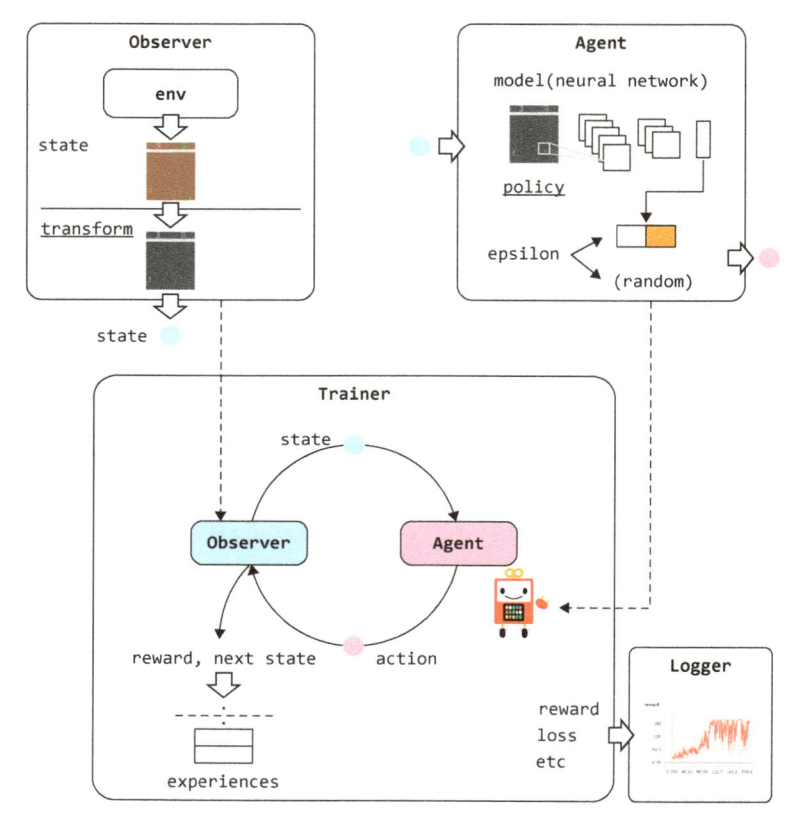

図 4-13　パラメーターを持った関数を利用するエージェントの学習フレームワーク

　Agent はパラメーターを持った関数（ニューラルネットワークなど）を使い状態
から評価を行います。行動（policy）は Epsilon-Greedy 法にのっとり決定します。
Trainer は Agent にデータを与えて学習をさせます。Observer は、色付きの画面
を白黒にするなどの前処理を行います。Logger は学習の状況がわかる指標、具体
的にはエージェントの獲得報酬やモデルの出力と実測値との誤差（loss と呼ばれ
ます）を記録します。

　では、実装を見てみましょう。解説するコードは以下のファイルになります。

FN/fn_framework.py

　まずは Agent からになります。

code4-7

```python
import os
import re
from collections import namedtuple
from collections import deque
import numpy as np
import tensorflow as tf
from tensorflow.python import keras as K
import matplotlib.pyplot as plt


Experience = namedtuple("Experience",
                        ["s", "a", "r", "n_s", "d"])


class FNAgent():

    def __init__(self, epsilon, actions):
        self.epsilon = epsilon
        self.actions = actions
        self.model = None
        self.estimate_probs = False
        self.initialized = False

    def save(self, model_path):
        self.model.save(model_path, overwrite=True, include_optimizer=False)

    @classmethod
    def load(cls, env, model_path, epsilon=0.0001):
        actions = list(range(env.action_space.n))
        agent = cls(epsilon, actions)
        agent.model = K.models.load_model(model_path)
        agent.initialized = True
        return agent

    def initialize(self, experiences):
        raise Exception("You have to implements estimate method")

    def estimate(self, s):
        raise Exception("You have to implements estimate method")
```

```python
def update(self, experiences, gamma):
    raise Exception("You have to implements update method")

def policy(self, s):
    if np.random.random() < self.epsilon or not self.initialized:
        return np.random.randint(len(self.actions))
    else:
        estimates = self.estimate(s)
        if self.estimate_probs:
            action = np.random.choice(self.actions,
                                      size=1, p=estimates)[0]
            return action
        else:
            return np.argmax(estimates)

def play(self, env, episode_count=5, render=True):
    for e in range(episode_count):
        s = env.reset()
        done = False
        episode_reward = 0
        while not done:
            if render:
                env.render()
            a = self.policy(s)
            n_state, reward, done, info = env.step(a)
            episode_reward += reward
            s = n_state
        else:
            print("Get reward {}".format(episode_reward))
```

Experience は、エージェントの経験を格納するためのクラスになっています。具体的には、状態（s）、行動（a）、報酬（r）、遷移先の状態（n_s）、エピソード終了フラグ（d）の5つのまとまりになります。save と load は、学習したエージェントを保存/読み込みするための関数です。

initialize、estimate、update は、それぞれエージェントの持つ「パラメーターを持った関数」の初期化、関数による予測、パラメーターの更新（学習）を行う処理になります。これらの実装は、継承したクラスに任されます。

policy は今までと変わりません。予測するのが行動確率の場合（estimate_probs

が True の場合）は、その確率に従い行動をサンプリングします。play はエージェントの行動をシミュレーションするための関数になります。続いて、Trainer の実装を見てみましょう。

code4-8

```python
class Trainer():

    def __init__(self, buffer_size=1024, batch_size=32,
                 gamma=0.9, report_interval=10, log_dir=""):
        self.buffer_size = buffer_size
        self.batch_size = batch_size
        self.gamma = gamma
        self.report_interval = report_interval
        self.logger = Logger(log_dir, self.trainer_name)
        self.experiences = deque(maxlen=buffer_size)
        self.training = False
        self.training_count = 0
        self.reward_log = []

    @property
    def trainer_name(self):
        class_name = self.__class__.__name__
        snaked = re.sub("(.)([A-Z][a-z]+)", r"\1_\2", class_name)
        snaked = re.sub("([a-z0-9])([A-Z])", r"\1_\2", snaked).lower()
        snaked = snaked.replace("_trainer", "")
        return snaked

    def train_loop(self, env, agent, episode=200, initial_count=-1,
                   render=False, observe_interval=0):
        self.experiences = deque(maxlen=self.buffer_size)
        self.training = False
        self.training_count = 0
        self.reward_log = []
        frames = []

        for i in range(episode):
            s = env.reset()
            done = False
            step_count = 0
            self.episode_begin(i, agent)
            while not done:
                if render:
                    env.render()
                if self.training and observe_interval > 0 and\
```

```
                    (self.training_count == 1 or
                     self.training_count % observe_interval == 0):
                    frames.append(s)

                a = agent.policy(s)
                n_state, reward, done, info = env.step(a)
                e = Experience(s, a, reward, n_state, done)
                self.experiences.append(e)
                if not self.training and \
                    len(self.experiences) == self.buffer_size:
                    self.begin_train(i, agent)
                    self.training = True

                self.step(i, step_count, agent, e)

                s = n_state
                step_count += 1
            else:
                self.episode_end(i, step_count, agent)

                if not self.training and \
                    initial_count > 0 and i >= initial_count:
                    self.begin_train(i, agent)
                    self.training = True

                if self.training:
                    if len(frames) > 0:
                        self.logger.write_image(self.training_count,
                                                frames)
                        frames = []
                    self.training_count += 1

    def episode_begin(self, episode, agent):
        pass

    def begin_train(self, episode, agent):
        pass

    def step(self, episode, step_count, agent, experience):
        pass

    def episode_end(self, episode, step_count, agent):
        pass

    def is_event(self, count, interval):
        return True if count != 0 and count % interval == 0 else False
```

```
def get_recent(self, count):
    recent = range(len(self.experiences) - count, len(self.experiences))
    return [self.experiences[i] for i in recent]
```

　Trainer では、Agent の行動履歴を self.experiences に格納します。これが Agent
を学習させるためのデータになります。buffer_size が self.experiences の大きさで、
これを超えた場合一番古い行動から捨てられていきます（この実装に deque を使っ
ています）。self.experiences から 1 回の学習のために取り出すデータのサイズが
batch_size になります。

　今までは行動履歴の格納などはせず、行動の結果はその場で学習に使っていま
した。そうはせず、このようにいったん行動履歴を格納しそこからサンプリング
して学習データをとる手法を、Experience Replay と呼びます。

Experience Replay を行うのは、学習を安定化するためです。行動履歴をいっ
たんプールしてからサンプリングすることで、さまざまなエピソードにおける、
異なるタイムステップのデータを学習データとして使用することができます。こ
れにより、学習する経験の偏りを防ぎ安定化することができます。Experience
Replay は強化学習でニューラルネットワークを扱う場合によく用いられる学習の
テクニックです。

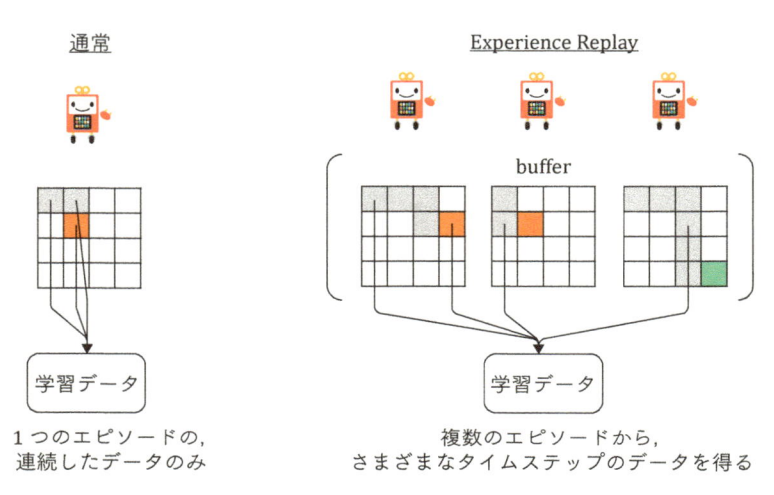

図 4-14　Experience Replay を行う場合とそうでない場合の違い

　なお、今回実装する Trainer では Experience Replay を利用する前提となっており、他の手法を利用することを想定していません（他の手法については、「戦略に深層学習を適用する」にて解説します）。ただ、「Agent とその学習プロセスを相互に独立させる」という点が重要であることに変わりありません。

　train_loop が学習を行うループです。環境内で指定された episode 分だけプレイするのが基本的な処理ですが、エピソードの開始や終了、各ステップなどでタイミングに応じたメソッドを起動します（episode_begin、episode_end、step）。buffer_size 分 self.experiences が蓄積されるか、initial_count 分エピソードを消化した場合に学習開始のフラグを立てます（self.training = True）。この実装により、学習のどういうタイミングで何をするかについてカスタマイズが容易になります。

　observe_interval は、エージェントが環境でプレイしている様子をどれくらいの頻度でとるかを指定しています。条件を満たす場合、frames に画面フレーム（状態）を蓄積していき、エピソード終了後に self.logger.write_image で書き出します。この処理については、Logger の解説で触れます。

　次に、Observer を見てみましょう。

code4-9

```python
class Observer():

    def __init__(self, env):
        self._env = env

    @property
    def action_space(self):
        return self._env.action_space

    @property
    def observation_space(self):
        return self._env.observation_space

    def reset(self):
        return self.transform(self._env.reset())

    def render(self):
        self._env.render()

    def step(self, action):
        n_state, reward, done, info = self._env.step(action)
        return self.transform(n_state), reward, done, info

    def transform(self, state):
        raise Exception("You have to implements transform method")
```

Observer は環境である env のラッパーとして動作するものになります。transform により、env から得られる状態をエージェントが扱いやすい形に変換します。注意点としては、学習に Observer を利用したら動作させる際も Observer を使用しなければならないという点です。なぜなら、学習されたエージェントは Observer による変換を前提としているためです。

最後に、Logger を見てみましょう。

code4-10

```python
class Logger():

    def __init__(self, log_dir="", dir_name=""):
        self.log_dir = log_dir
        if not log_dir:
```

```python
            self.log_dir = os.path.join(os.path.dirname( file ), "logs")
        if not os.path.exists(self.log_dir):
            os.mkdir(self.log_dir)

        if dir_name:
            self.log_dir = os.path.join(self.log_dir, dir_name)
            if not os.path.exists(self.log_dir):
                os.mkdir(self.log_dir)

        self._callback = K.callbacks.TensorBoard(self.log_dir)

    @property
    def writer(self):
        return self._callback.writer

    def set_model(self, model):
        self._callback.set_model(model)

    def path_of(self, file_name):
        return os.path.join(self.log_dir, file_name)

    def describe(self, name, values, episode=-1, step=-1):
        mean = np.round(np.mean(values), 3)
        std = np.round(np.std(values), 3)
        desc = "{} is {} (+/-{})".format(name, mean, std)
        if episode > 0:
            print("At episode {}, {}".format(episode, desc))
        elif step > 0:
            print("At step {}, {}".format(step, desc))

    def plot(self, name, values, interval=10):
        indices = list(range(0, len(values), interval))
        means = []
        stds = []
        for i in indices:
            _values = values[i:(i + interval)]
            means.append(np.mean(_values))
            stds.append(np.std(_values))
        means = np.array(means)
        stds = np.array(stds)
        plt.figure()
        plt.title("{} History".format(name))
        plt.grid()
        plt.fill_between(indices, means - stds, means + stds,
                         alpha=0.1, color="g")
        plt.plot(indices, means, "o-", color="g",
                 label="{} per {} episode".format(name.lower(), interval))
```

```python
        plt.legend(loc="best")
        plt.show()

    def write(self, index, name, value):
        summary = tf.Summary()
        summary_value = summary.value.add()
        summary_value.tag = name
        summary_value.simple_value = value
        self.writer.add_summary(summary, index)
        self.writer.flush()

    def write_image(self, index, frames):
        # Deal with a 'frames' as a list of sequential gray scaled image.
        last_frames = [f[:, :, -1] for f in frames]
        if np.min(last_frames[-1]) < 0:
            scale = 127 / np.abs(last_frames[-1]).max()
            offset = 128
        else:
            scale = 255 / np.max(last_frames[-1])
            offset = 0
        channel = 1  # gray scale
        tag = "frames_at_training_{}".format(index)
        values = []

        for f in last_frames:
            height, width = f.shape
            array = np.asarray(f * scale + offset, dtype=np.uint8)
            image = Image.fromarray(array)
            output = io.BytesIO()
            image.save(output, format="PNG")
            image_string = output.getvalue()
            output.close()
            image = tf.Summary.Image(
                        height=height, width=width, colorspace=channel,
                        encoded_image_string=image_string)
            value = tf.Summary.Value(tag=tag, image=image)
            values.append(value)

        summary = tf.Summary(value=values)
        self.writer.add_summary(summary, index)
        self.writer.flush()
```

　Logger の役割は学習の途中経過を記録することです。実装では、TensorBoard
で値を参照するための書き出し処理が中心となっています（`write`/`write_image`）。
TensorBoard は TensorFlow に付属するツールで、 図 4-15 のように学習の進

捗状況などをグラフィカル、かつリアルタイムに参照することができます（なお、TensorBoard は TensorFlow に付属はしていますが独立したツールなので、TensorFlow 以外でも利用が可能です）。

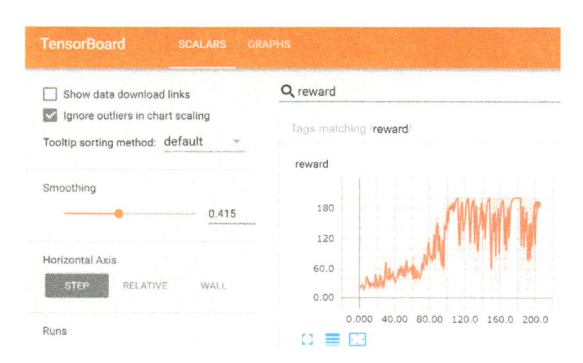

図 4-15　TensorBoard の画面

write_image は Observer で処理された、つまりエージェントの見ている画面を描画するための関数です。これにより、意図した前処理が行えているかを確認することができます。TensorBoard 上では「IMAGES」のタブで参照が可能です（図4-16）。

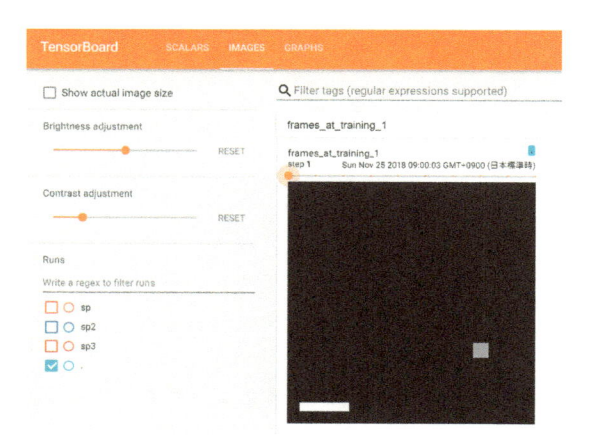

図 4-16　エージェントの見ている画面の確認

　これで、一通りのモジュールを確認しました。以後の実装は、このフレームワークを使用し行っていきます。

　本節ではニューラルネットワークの基本的な仕組みと実装について学びました。$y = ax + b$ という単純な式が実は1層のニューラルネットワークと等価であることを解説し、その実装を確認しました。そして、データを複数件まとめたバッチで入力する方法、層を重ねる方法についても確認しました。ニューラルネットワークの学習は、誤差を通常の伝播とは逆方向に伝える誤差逆伝播法で行うことを解説しました。誤差逆伝播法では連鎖律により各パラメーターの勾配を計算し、最適化手法により適用を行うのでした。

　タスクに特化したニューラルネットワークとして、画像に特化した CNN について学びました。CNN は、画像の一定領域の情報を集約する畳み込みという処理を重ねるネットワークでした。CNN は強化学習に大きなインパクトをもたらしましたが、その分扱いに際してはこれまでより多くのパラメーターやリソースが必要でした。そこで、強化学習でニューラルネットワーク扱う際の実装フレームワークについて解説しました。

　以上で、Day4 を読み進めていくにあたっての理論面・実装面の準備が整いました。次節以降では、いよいよ実際にニューラルネットワークを利用した強化学習を理解・実装していきます。

4.2　価値評価を、パラメーターを持った関数で実装する：Value Function Approximation

　本節では、Day3 にてテーブル（Q[s][a], Q-table）で行っていた価値評価をパラメータを持った関数に置き換える手法を学びます。価値評価を行う関数は価値関数（Value function）と呼ばれ、価値関数を学習（推定）することを Value Function Approximation（あるいは、単に Function Approximation）といいます。価値関数を利用した手法では、行動選択は価値関数の出力値をもとに行われます。つまり、Value ベースの流れをくむ手法になります。

　本節では、価値関数により行動を決定するエージェントを作成し、CartPole の

環境を攻略してみます。CartPole は、棒が倒れないようにカートの位置を調整する環境です。OpenAI Gym の中でもポピュラーな環境で、さまざまなサンプルで使用されています。価値関数には、もちろん前節で学んだニューラルネットワークを使用します。

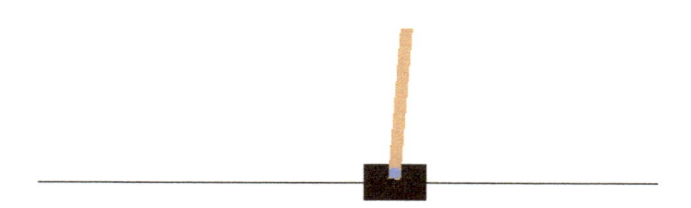

図 4-17　CartPole-v0 の環境：ポールが倒れないよう、カートを動かす

　CartPole における「状態」はカートの位置・加速度・ポールの角度・ポールの倒れる速度（角速度）の 4 つで、いずれも数値です。「行動」はカートの左右への移動になります。「報酬」は常に 1 であり、ポールが倒れたらエピソード終了になります。つまり、ポールが倒れないようキープし続けるほど報酬が手に入るということです。

　ニューラルネットワークの仕組み、そしてそれを強化学習で扱うための実装フレームワークについては前節で解説しました。そのため、早速実装してみましょう。これから解説するコードは、以下のファイルになります。

FN/value_function_agent.py

　まずはエージェントの実装を行います。

code4-11

```
import random
import argparse
import numpy as np
from sklearn.neural_network import MLPRegressor
from sklearn.preprocessing import StandardScaler
from sklearn.pipeline import Pipeline
```

```python
from sklearn.externals import joblib
import gym
from fn_framework import FNAgent, Trainer, Observer


class ValueFunctionAgent(FNAgent):

    def save(self, model_path):
        joblib.dump(self.model, model_path)

    @classmethod
    def load(cls, env, model_path, epsilon=0.0001):
        actions = list(range(env.action_space.n))
        agent = cls(epsilon, actions)
        agent.model = joblib.load(model_path)
        agent.initialized = True
        return agent

    def initialize(self, experiences):
        scaler = StandardScaler()
        estimator = MLPRegressor(hidden_layer_sizes=(10, 10), max_iter=1)
        self.model = Pipeline([("scaler", scaler), ("estimator", estimator)])

        states = np.vstack([e.s for e in experiences])
        self.model.named_steps["scaler"].fit(states)

        # Avoid the predict before fit.
        self.update([experiences[0]], gamma=0)
        self.initialized = True
        print("Done initialization. From now, begin training!")

    def estimate(self, s):
        estimated = self.model.predict(s)[0]
        return estimated

    def _predict(self, states):
        if self.initialized:
            predicteds = self.model.predict(states)
        else:
            size = len(self.actions) * len(states)
            predicteds = np.random.uniform(size=size)
            predicteds = predicteds.reshape((-1, len(self.actions)))
        return predicteds

    def update(self, experiences, gamma):
        states = np.vstack([e.s for e in experiences])
        n_states = np.vstack([e.n_s for e in experiences])
```

```
estimateds = self._predict(states)
future = self._predict(n_states)

for i, e in enumerate(experiences):
    reward = e.r
    if not e.d:
        reward += gamma * np.max(future[i])
    estimateds[i][e.a] = reward

estimateds = np.array(estimateds)
states = self.model.named_steps["scaler"].transform(states)
self.model.named_steps["estimator"].partial_fit(states, estimateds)
```

　initialize の中で使用されている MLPRegressor が「価値関数」になります。MLPRegressor は scikit-learn に用意されているクラスで、シンプルなニューラルネットワークによる値の推定が可能です。MLPRegressor(hidden_layer_sizes=(10, 10),max_iter=1) は、ノードの数が 10 である隠れ層を 2 つ重ねたニューラルネットワークになります。MLPRegressor は状態を受け取り、その状態における各行動の価値を返します。具体的には「カートの位置・加速度・ポールの角度・角速度」を受け取り、各行動（左右への移動）の価値を返します。

　MLPRegressor に状態を入力する際は、 正規化を行うほうが好ましいです（正規化については、 前節で解説しました）。 そのため状態の正規化を行うための scaler(StandardScaler) と、 価値関数本体である estimator(MLPRegressor) を連結したもの（Pipeline）をモデルとしています。scaler は initialize で受け取った経験の履歴（experiences）に含まれる状態で初期化を行っています。

　self.update([experiences[0]], gamma=0) は、 学習をする前に予測を行うと例外が発生してしまうという scikit-learn の仕様を回避するための処理です。1 件の経験だけでいったん学習（update）を行っておいています。_predict では学習前の場合ランダムな値を返すようにしています。

　update で実装されている処理は、Q-learning と同等の処理になっています。予測した結果である estimateds のうち、実際にとった行動の箇所（estimateds[i][e.a]）については、「得られた報酬（e.r）」＋「遷移先の価値」で更新が可能です。遷移先

の価値は次の遷移先があるとき（`not e.d`）だけ発生し、価値が最大となる行動をとることを前提にします（`np.max(future[i])`）。この前提は、Q-learning のときと同じです。更新前後の差異は、ちょうど TD 誤差となります。

　`partial_fit` では、`states` に対する予測結果と更新後の値の差異（平均二乗誤差）を計算し、それが小さくなるようにニューラルネットワーク内のパラメーターを調整します。つまり、TD 誤差を最小化するようパラメーターを調整します。なお、`partial_fit` でなく `fit` を使用した場合はこれまでの学習結果をリセットしてゼロから学習します。

　`update` の処理を図式化したものが図 4-18 になります。

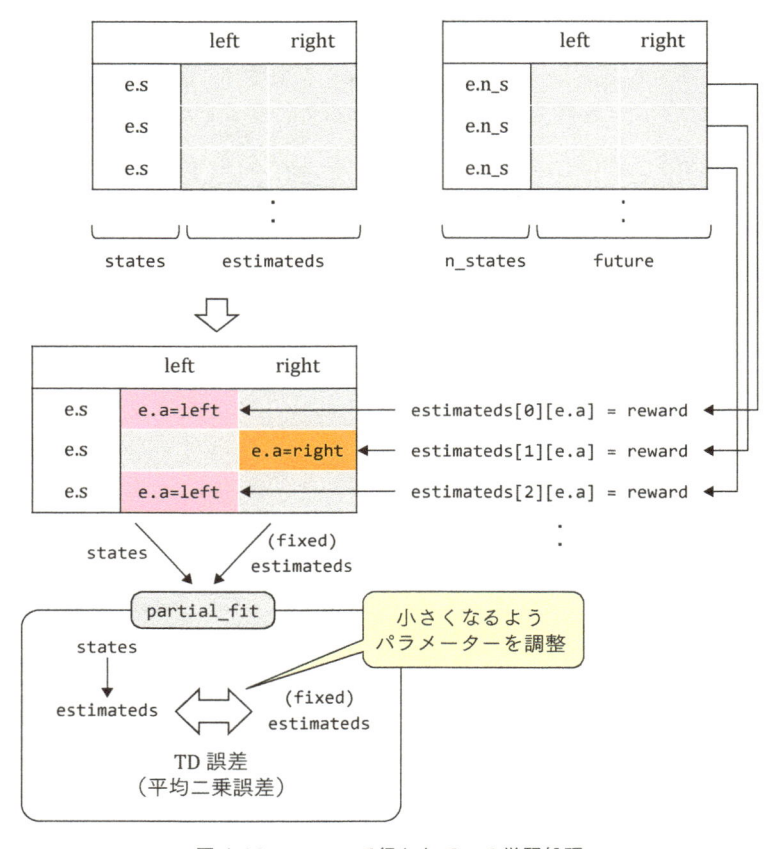

図 4-18　update で行われている学習処理

　図 4-18 の left、right は CartPole の環境における行動（カートの左右への移動）を意味しています。こうしてみると、estimateds は縦に状態、横に行動をとったテーブルで、Day3 で親しんだ Q-table（self.q）とよく似ていることがわかります。Q-table ベースのアルゴリズムと異なるのは、TD 誤差が Q-table の更新ではなく、価値関数のパラメーター更新に使用されるという点です。

　続いて、CartPole の環境を扱うための Observer を定義します。こちらは、単に 4 つの値を 1 行 4 列の形式に成形しているだけです。

code4-12

```python
class CartPoleObserver(Observer):

    def transform(self, state):
        return np.array(state).reshape((1, -1))
```

そして、学習を行うための Trainer を定義します。学習の準備ができたら（begin_train）、エージェントの初期化を行い（agent.initialize）、以後 step ごとに学習（agent.update）を行います。

code4-13

```python
class ValueFunctionTrainer(Trainer):

    def train(self, env, episode_count=220, epsilon=0.1, initial_count=-1,
              render=False):
        actions = list(range(env.action_space.n))
        agent = ValueFunctionAgent(epsilon, actions)
        self.train_loop(env, agent, episode_count, initial_count, render)
        return agent

    def begin_train(self, episode, agent):
        agent.initialize(self.experiences)

    def step(self, episode, step_count, agent, experience):
        if self.training:
            batch = random.sample(self.experiences, self.batch_size)
            agent.update(batch, self.gamma)

    def episode_end(self, episode, step_count, agent):
        rewards = [e.r for e in self.get_recent(step_count)]
        self.reward_log.append(sum(rewards))

        if self.is_event(episode, self.report_interval):
            recent_rewards = self.reward_log[-self.report_interval:]
            self.logger.describe("reward", recent_rewards, episode=episode)
```

最後に学習を実行するための処理を実装します。今までは学習だけでしたが、本章からは play を指定することで学習済みのモデルを使い環境での動作を確認できるようにしています。

code4-14

```python
def main(play):
    env = CartPoleObserver(gym.make("CartPole-v0"))
    trainer = ValueFunctionTrainer()
    path = trainer.logger.path_of("value_function_agent.pkl")

    if play:
        agent = ValueFunctionAgent.load(env, path)
        agent.play(env)
    else:
        trained = trainer.train(env)
        trainer.logger.plot("Rewards", trainer.reward_log,
                            trainer.report_interval)
        trained.save(path)

if __name__ == "__main__":
    parser = argparse.ArgumentParser(description="VF Agent")
    parser.add_argument("--play", action="store_true",
                        help="play with trained model")

    args = parser.parse_args()
    main(args.play)
```

フレームワークを利用した、実装の全体像は図 4-19 のようになっています。

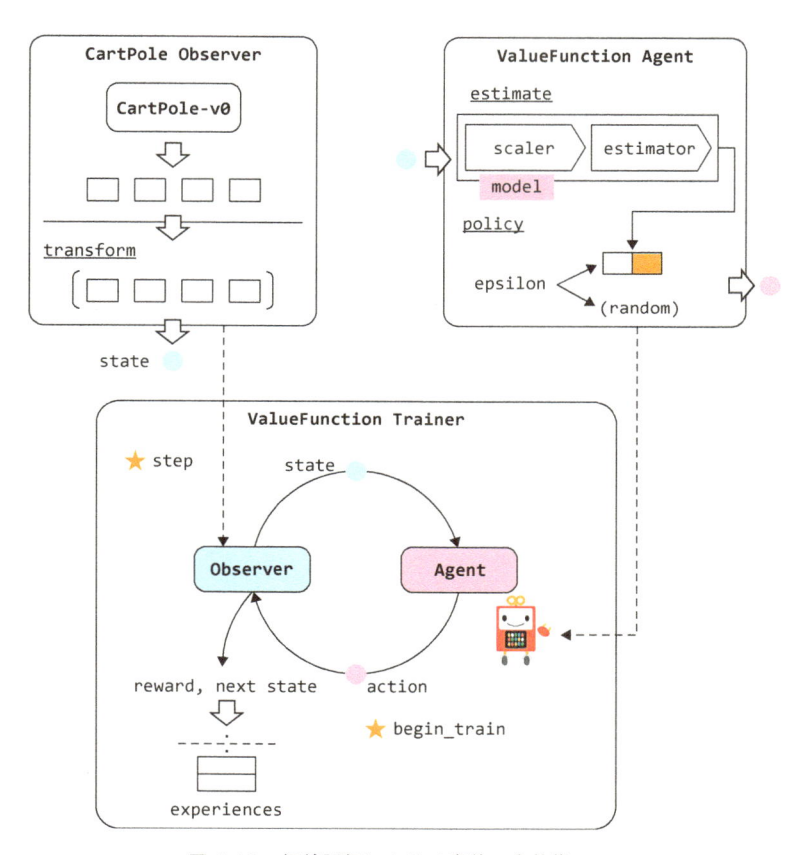

図 4-19 価値評価における実装の全体像

begin_train、step ではそれぞれエージェントの初期化処理と学習処理が呼び出されます。こちらも図 4-20 で確認しておきましょう。

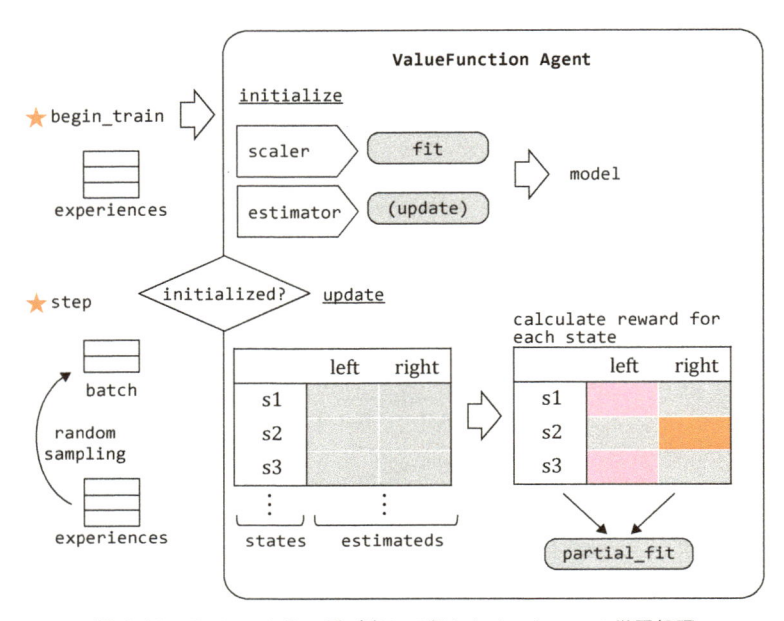

図 4-20　Trainer からの呼び出しで行われる、Agent の学習処理

　実際に実行してみると、エピソードを経るにつれ獲得報酬が増加している、つまりポールが倒れないようカートを動かす方法を学習していることがわかります。

図 4-21　価値関数の学習結果

　本節ではシンプルなニューラルネットワークを使用し価値関数を実装する方法を学びました。次節では、いよいよ「ディープ」なニューラルネットワークであるCNN を使い、ゲームの攻略に挑戦します。

4.3　価値評価に深層学習を適用する：Deep Q-Network

　CNN を利用する場合でも、基本的な仕組みは前節と変わりません。ただ、「画面を直接入力できる」というメリットを体感するため環境を変えたいと思います。本節では、ボールキャッチを行うゲーム Catcher に挑戦します。

図 4-22　Catcher のゲーム画面
［http://pygame-learning-environment.readthedocs.io/en/latest/user/games/catcher.html より引用］

　Catcher は、上から落ちてくるボールを底面のバーを操作しキャッチするゲームです。キャッチできれば＋1、できなければ−1 の報酬が得られます。このゲームは pygame という Python でゲームを作るためのフレームワークで作成されています。pygame で作成された、 強化学習に利用可能なゲームを集めた環境がPyGame-Learning-Environment（PLE）です。PLE を OpenAI Gym で扱うためのプラグインとして gym-ple あります。事前準備で作成していただいた環境には、すでにこの 3 つがインストールされているはずです。

　Catcher の画面を入力とし、各行動の価値を出力する。このネットワークを CNNで構築し、学習するのが今回の目的となります。なお Catcher での行動とはバーを動かす方向である左・右、そして停止の計 3 つです。今回実装する CNN の構造を見てみましょう（図 4-23）。

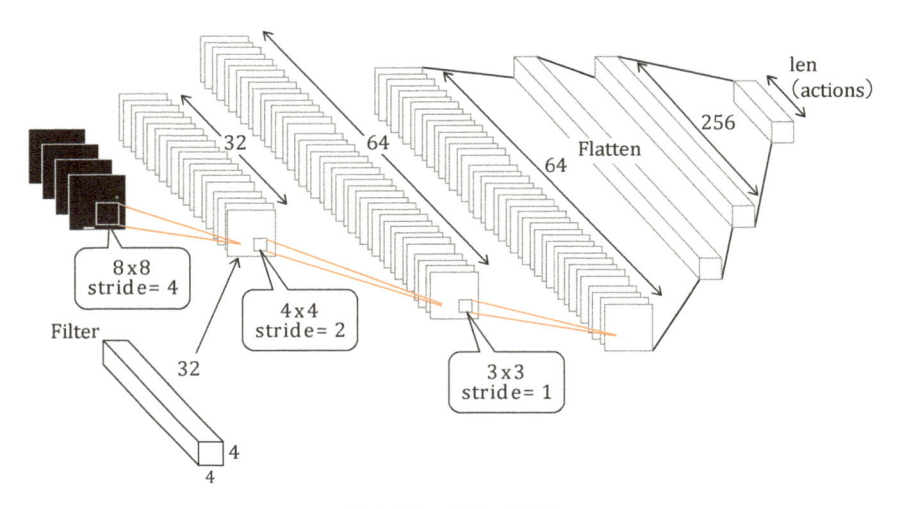

図 4-23　CNN の構造

　一番左の黒い画像が入力になります。通常の CNN では RGB、もしくはグレースケールの画像が入力となりますが、今回は時系列にならんだ 4 つの画面フレームを入力としています。畳み込み層は 3 つで、最後の畳み込み層の出力は 1 列に並べ（図中の Flatten）、そこから通常の重みをもつ層で値の伝播を行い、最終的には actions と同じサイズのベクトルを出力します。これが、各行動の価値となります。

　では、エージェントの実装を見ていきましょう。これから解説するコードは、以下のファイルになります。

FN/dqn_agent.py

code4-15

```
import random
import argparse
from collections import deque
import numpy as np
from tensorflow.python import keras as K
```

```python
from PIL import Image
import gym
import gym_ple
from fn_framework import FNAgent, Trainer, Observer


class DeepQNetworkAgent(FNAgent):

    def __init__(self, epsilon, actions):
        super().__init__(epsilon, actions)
        self._scaler = None
        self._teacher_model = None

    def initialize(self, experiences, optimizer):
        feature_shape = experiences[0].s.shape
        self.make_model(feature_shape)
        self.model.compile(optimizer, loss="mse")
        self.initialized = True
        print("Done initialization. From now, begin training!")

    def make_model(self,  feature_shape):
        normal = K.initializers.glorot_normal()
        model = K.Sequential()
        model.add(K.layers.Conv2D(
            32, kernel_size=8, strides=4, padding="same",
            input_shape=feature_shape, kernel_initializer=normal,
            activation="relu"))
        model.add(K.layers.Conv2D(
            64, kernel_size=4, strides=2, padding="same",
            kernel_initializer=normal,
            activation="relu"))
        model.add(K.layers.Conv2D(
            64, kernel_size=3, strides=1, padding="same",
            kernel_initializer=normal,
            activation="relu"))
        model.add(K.layers.Flatten())
        model.add(K.layers.Dense(256, kernel_initializer=normal,
                                 activation="relu"))
        model.add(K.layers.Dense(len(self.actions),
                                 kernel_initializer=normal))
        self.model = model
        self._teacher_model = K.models.clone_model(self.model)

    def estimate(self, state):
        return self.model.predict(np.array([state]))[0]

    def update(self, experiences, gamma):
        states = np.array([e.s for e in experiences])
```

```
        n_states = np.array([e.n_s for e in experiences])

        estimateds = self.model.predict(states)
        future = self._teacher_model.predict(n_states)

        for i, e in enumerate(experiences):
            reward = e.r
            if not e.d:
                reward += gamma * np.max(future[i])
            estimateds[i][e.a] = reward

        loss = self.model.train_on_batch(states, estimateds)
        return loss

    def update_teacher(self):
        self._teacher_model.set_weights(self.model.get_weights())
```

initialize ではモデルの構築と、モデルを学習させるための optimizer をセットします。optimizer は学習を担当する Trainer から渡されます。loss="mse" は前節と同じように「予測結果と更新後の値の差異（平均二乗誤差）を最小化する」ことを意味しています。つまり、ネットワークが CNN になっても学習の仕組みは変わらないということです。

make_model が本体となるモデルを作成しています。このモデルの構造は、図 4-23 で解説した通りとなります。図とコードが対応していることを確認してみてください。

update の処理は 1 層のニューラルネットワークのときとほぼ同じです。ただ、遷移先の価値を self._teacher_model から計算しています。これは本体のモデルのコピーで、update_teacher で本体からパラメーターのコピーを行っています。本体のモデルは update のたびにパラメーターが更新される一方、self._teacher_model のパラメーターは update_teacher が実行されるまで固定されます。

遷移先の価値を self._teacher_model から、つまり一定期間固定されたパラメーターから算出する手法を Fixed Target Q-Network と呼びます。これは、学習を安定させるためのテクニックです。遷移先の価値を本体のモデルで計算する場合、前述の通り学習（train_on_batch）のたびにパラメーターが変わるため、値が毎回

変わることになります。この状態では学習に使用する TD 誤差も安定せず、ひいては学習も安定しなくなります。そこで、一定期間パラメーターを固定したネットワークから遷移先の価値を計算するという工夫になります。

Deep Q-Network（参考文献［Day4-13］）は、単に CNN を利用しただけでなく学習を安定させた点が過去の研究からの進歩となっています。というのも、Deep Q-Network 以前にもニューラルネットワークを使用する研究があったものの、学習が安定しないという課題があったためです。最初に紹介した Experience Reply、先ほど紹介した Fixed Target Q-Network、そして報酬の Clipping、計 3 つの工夫を行い学習を安定化した点が過去の研究と異なる点になります。報酬の Clipping とは、全ゲームを通じ成功は 1、失敗は－1 と報酬を統一することです。また、学習時における勾配の制限を指すこともあります。

報酬の Clipping については、報酬に重みをつけることができなくなるというデメリットもあります（特によい行動に多めに報酬を与えるなど）。そのため、後に発表された研究 "Learning values across many orders of magnitude" や "Multi-task Deep Reinforcement Learning with PopArt" ではこの点が見直されています。

続いて、テスト用の Agent を実装します。これにより、ネットワーク構造（make_model）以外の実装を事前にチェックします。CNN を利用したエージェントの学習にはとても時間がかかるため、テスト可能な箇所は事前にテストしておいたほうが時間を無駄にせずに済みます。テストには、前節で使用した CartPole の環境を使用しています。

code4-16

```python
class DeepQNetworkAgentTest(DeepQNetworkAgent):

    def __init__(self, epsilon, actions):
        super().__init__(epsilon, actions)

    def make_model(self, feature_shape):
        normal = K.initializers.glorot_normal()
        model = K.Sequential()
        model.add(K.layers.Dense(64, input_shape=feature_shape,
```

```
                                      kernel_initializer=normal, activation="relu"))
            model.add(K.layers.Dense(len(self.actions), kernel_initializer=normal,
                                     activation="relu"))
        self.model = model
        self._teacher_model = clone_model(self.model)
```

　続いて、Catcher ゲームを扱うための Observer を用意します。今回は時系列
にならんだ 4 つの画面フレームを入力とするため、4 フレームをまとめる処理を
行っています。各フレームはグレースケールにしたうえで、値を 0 〜 1 の間にス
ケーリングしています。なお、最初は 4 フレームそろわないため最初のフレーム
を 4 つコピーしています。

code4-17

```
class CatcherObserver(Observer):

    def __init__(self, env, width, height, frame_count):
        super().__init__(env)
        self.width = width
        self.height = height
        self.frame_count = frame_count
        self._frames = deque(maxlen=frame_count)

    def transform(self, state):
        grayed = Image.fromarray(state).convert("L")
        resized = grayed.resize((self.width, self.height))
        resized = np.array(resized).astype("float")
        normalized = resized / 255.0 # scale to 0~1
        if len(self._frames) == 0:
            for i in range(self.frame_count):
                self._frames.append(normalized)
        else:
            self._frames.append(normalized)
        feature = np.array(self._frames)
        # Convert the feature shape (f, w, h) => (w, h, f).
        feature = np.transpose(feature, (1, 2, 0))

        return feature
```

　Agent と Observer がそろったため、学習を行う Trainer を定義します。

code4-18

```python
class DeepQNetworkTrainer(Trainer):

    def __init__(self, buffer_size=50000, batch_size=32,
                 gamma=0.99, initial_epsilon=0.5, final_epsilon=1e-3,
                 learning_rate=1e-3, teacher_update_freq=3, report_interval=10,
                 log_dir="", file_name=""):
        super().__init__(buffer_size, batch_size, gamma,
                         report_interval, log_dir)
        self.file_name = file_name if file_name else "dqn_agent.h5"
        self.initial_epsilon = initial_epsilon
        self.final_epsilon = final_epsilon
        self.learning_rate = learning_rate
        self.teacher_update_freq = teacher_update_freq
        self.loss = 0
        self.training_episode = 0

    def train(self, env, episode_count=1200, initial_count=200,
              test_mode=False, render=False):
        actions = list(range(env.action_space.n))
        if not test_mode:
            agent = DeepQNetworkAgent(1.0, actions)
        else:
            agent = DeepQNetworkAgentTest(1.0, actions)
        self.training_episode = episode_count

        self.train_loop(env, agent, episode_count, initial_count, render)
        agent.save(self.logger.path_of(self.file_name))
        return agent

    def episode_begin(self, episode, agent):
        self.loss = 0

    def begin_train(self, episode, agent):
        optimizer = K.optimizers.Adam(lr=self.learning_rate, clipvalue=1.0)
        agent.initialize(self.experiences, optimizer)
        self.logger.set_model(agent.model)
        agent.epsilon = self.initial_epsilon
        self.training_episode -= episode

    def step(self, episode, step_count, agent, experience):
        if self.training:
            batch = random.sample(self.experiences, self.batch_size)
            self.loss += agent.update(batch, self.gamma)

    def episode_end(self, episode, step_count, agent):
```

```python
        reward = sum([e.r for e in self.get_recent(step_count)])
        self.loss = self.loss / step_count
        self.reward_log.append(reward)
        if self.training:
            self.logger.write(self.training_count, "loss", self.loss)
            self.logger.write(self.training_count, "reward", reward)
            self.logger.write(self.training_count, "epsilon", agent.epsilon)
            if self.is_event(self.training_count, self.report_interval):
                agent.save(self.logger.path_of(self.file_name))
            if self.is_event(self.training_count, self.teacher_update_freq):
                agent.update_teacher()

            diff = (self.initial_epsilon - self.final_epsilon)
            decay = diff / self.training_episode
            agent.epsilon = max(agent.epsilon - decay, self.final_epsilon)

        if self.is_event(episode, self.report_interval):
            recent_rewards = self.reward_log[-self.report_interval:]
            self.logger.describe("reward", recent_rewards, episode=episode)
```

　前節とは桁違いに `buffer_size` が大きいと思います。このように、画面からの学習では大きなリソースを必要とするのが一般的です。

　`begin_train` でモデルの初期化、`step` で学習という基本的な流れは前節と同様です。`begin_train` では最適化手法として `K.optimizers.Adam` を使用しています。これは scikit-learn で使われていたものと同じです。

　`episode_end` では報酬以外に誤差（loss）などを書き込んでいます。また、`agent.save` で学習途中のモデルを保存しています。学習がすでに開始している場合は、`self.teacher_update_freq` の頻度で遷移先価値を計算するモデルを更新します。今までエージェントの epsilon の値は固定でしたが、今回はエピソードを経るごとに `agent.epsilon` の値を徐々に減らしています。学習が進んできたら、ランダムに行動する確率を減らしていくということです。

　深層学習を使用する場合は、このように学習に際して多くのパラメーターや学習プロセスの調整が必要になるのが一般的です。

　では、実際に実行してみましょう。--test でテスト用の Agent を学習し、--play

で学習したモデルを使用しゲームをプレイさせることができます。

code4-19

```python
def main(play, is_test):
    file_name = "dqn_agent.h5" if not is_test else "dqn_agent_test.h5"
    trainer = DeepQNetworkTrainer(file_name=file_name)
    path = trainer.logger.path_of(trainer.file_name)
    agent_class = DeepQNetworkAgent

    if is_test:
        print("Train on test mode")
        obs = gym.make("CartPole-v0")
        agent_class = DeepQNetworkAgentTest
    else:
        env = gym.make("Catcher-v0")
        obs = CatcherObserver(env, 80, 80, 4)
        trainer.learning_rate = 1e-4

    if play:
        agent = agent_class.load(obs, path)
        agent.play(obs, render=True)
    else:
        trainer.train(obs, test_mode=is_test)


if __name__ == "__main__":
    parser = argparse.ArgumentParser(description="DQN Agent")
    parser.add_argument("--play", action="store_true",
                        help="play with trained model")
    parser.add_argument("--test", action="store_true",
                        help="train by test mode")

    args = parser.parse_args()
    main(args.play, args.test)
```

実際学習させた結果は図 4-24 のようになります。

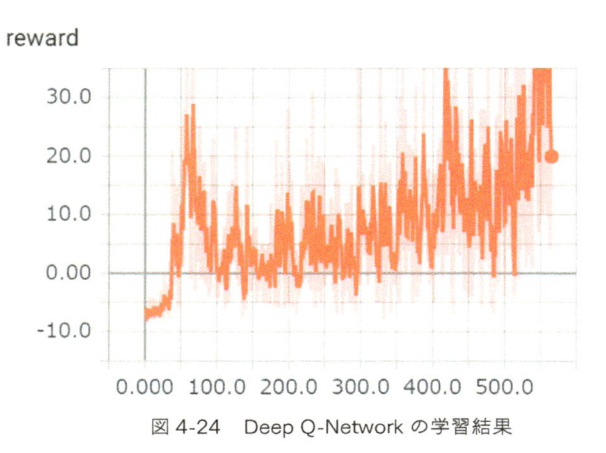

図 4-24　Deep Q-Network の学習結果

　Agent が徐々にボールをとれるようになってきていることがわかると思います。ただ、学習結果は実行による変動の影響も大きいため、同じようになるとは限りません。

　ここで紹介した Deep Q-Network は現在では多くの改良が行われており、もはやそのまま使うことはあまりありません。Deep Q-Network を発表した Deep Mind は、優秀な改良手法 6 つを組み込んだ Rainbow というモデルを発表しています（Deep Q-Network を足すと全部で 7 つ、7 色の Rainbow になります）。

　Rainbow に組み込まれている 6 つの改良手法は、以下のようなものです（詳細は、"Rainbow: Combining Improvements in Deep Reinforcement Learning" を参照ください）。

1.　Double DQN

　価値の見積り精度を上げるための工夫です。Q 値の計算には当然プラス方向 / マイナス方向のノイズが含まれますが、計算する際 "max" を行うことで常にプラス方向のノイズがとられてしまい、全体として上振れしてしまいます。これを over estimation と呼びます。上振れは行動価値の max、行動選択の max で二重に増幅されてしまうため、Double DQN では行動価値と行動選択のネットワークを分けることを提案しています。

2.　Prioritized Replay

　学習効率を上げるための工夫です。Experience Reply から単純にランダムサンプリングするのでなく、学習効果が高いもの、具体的には TD 誤差が大きいものを優先してサンプリングを行います。ただ、率直にこの手法を行うと TD 誤差が大きいものに学習が偏ってしまいます。そのため TD 誤差を基準にサンプリングする割合と、単にランダムサンプリングを行う割合をパラメーターで調整しています。

3.　Dueling Network

　価値の見積り精度を上げるための工夫です。状態自体の価値と、その状態における行動の価値を分けて計算する手法です。これにより、状態価値と行動価値を分けて把握できるというメリットもあります。

4.　Multi-step Learning

　価値の見積り精度を上げるための工夫です。この手法は Day3 でも紹介しました。最近編み出された手法というわけではなく、古く（1980 年代）から提案されていた手法です。Q 学習と Monte Carlo 法の間をとる手法で、「n ステップ分の報酬」と「n ステップ先の状態での価値」から修正を行います。以下は、$n = 3$ の場合の式になります。

$$\delta = r_{t+1} + \gamma r_{t+2} + \gamma^2 r_{t+3} + \gamma^3 \max_a Q(s_{t+3},\ a)\ -\ Q(s_t,\ a_t)$$

　n の設定は非常にセンシティブですが、Rainbow の実験では Atari のゲームにおいては 3 か 5、特に 3 がよいとしています。

5.　Distributional RL

　価値の見積り精度を上げるための工夫です。通常報酬は「期待値」で表現されますが、これは良いときも悪いときも全部まとめての平均になります。Distributional RL では報酬を分布として扱い、その平均や分散は状態や行動によって変化するものとします。図 4-25 は、FREEWAY というゲームでの実例を示したものです。FREEWAY は車に当たらないように鶏を下から上に移動させるゲームです。図の左ではまだ車が離れているためどの行動でも同じような報酬の分布ですが、車が

近づいたときは下がるか上がるかしてしまうほうが報酬分布の平均が高くなっていることがわかります。

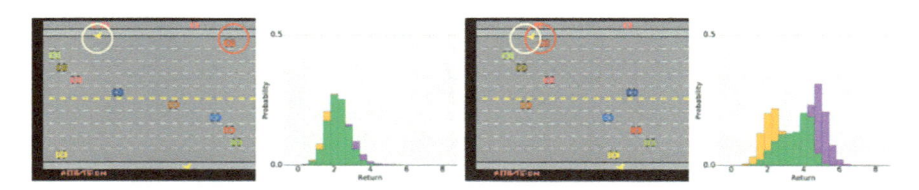

図 4-25　状態による報酬分布の差異
［A Distributional Perspective on Reinforcement Learning, Figure15 より引用］

　分散のパラメーターを使用することで、期待値は同じでも報酬にばらつきがあるケースを表現できます。このように、Distributional RL では状態・行動に応じた報酬分布を仮定することで報酬の表現力を上げることができます。

6.　Noisy Nets

　探索効率を改善するための工夫です。Epsilon-Greedy 法では Epsilon の確率でランダムに行動しますが、この Epsilon の設定と調整は非常にセンシティブです。そこで、Noisy Nets ではどれくらいランダムに行動したほうがよいかということ自体をネットワークに学習させてしまいます。以下は、通常の全結合を行う層と Noisy Nets との比較です。

　通常の全結合層での処理（重みをかけて、切片を足す）

$$y = Wx + b$$

Noisy Nets での処理

$$y = (W + \sigma^w \odot \epsilon^w)x + (b + \sigma^b \odot \epsilon^b)$$

　ϵ はランダムなノイズで、σ はそれを入れる分量を調整します（$\odot$ は要素積を表します）。$\sigma = 0$ の場合は、ちょうど全結合層での処理と同じです。

　効果としては Prioritized Replay と Multi-step Learning が大きく、Distributional RL、Noisy Nets と続き、Double DQN と Dueling Network の順となります。ただ、これは全体を平均した結果であり、ゲームによって何が効いているかはまちまちです。図 4-26 は、Rainbow からそれぞれの手法を抜いていったときの影響を図示したものです。

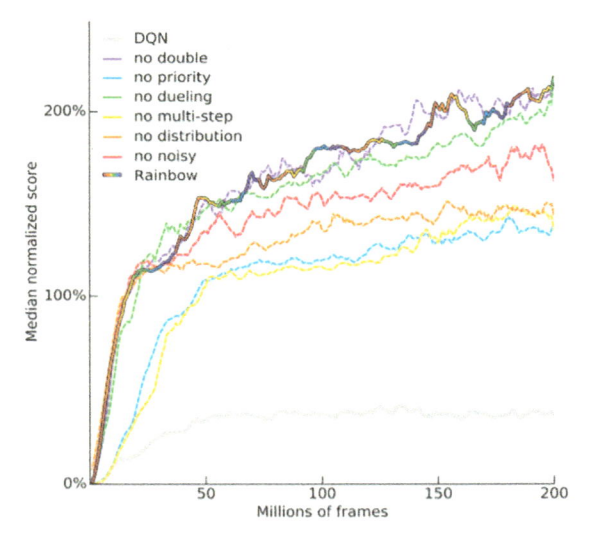

図 4-26　Rainbow における各改善手法の貢献度
［Rainbow: Combining Improvements in Deep Reinforcement Learning, Figure3 より引用］

　強化学習については、今後も多くの工夫が行われていくと思います。自分自身で工夫するにせよ、新しい工夫を理解するにせよ、ある時点で優秀な工夫を知っておくのはよい足がかりになると思います、その意味では、Rainbow を押さえておくのは十分意義があります。

　本節では、価値評価を関数で実装する方法を学びました。初めは単純なニューラルネットワーク、その次に CNN を関数として利用した Deep Q-Network（DQN）の実装を行いました。DQN を改善する試みは多く行われており、改善策を詰め合わせた Rainbow という手法について、1 つ 1 つの工夫を紹介しました。

続いては、戦略を関数で実装する方法について見ていきます。

4.4　戦略を、パラメーターを持った関数で実装する：Policy Gradient

　戦略もまた、パラメーターを持った関数を利用して表現することができます。状態を引数にとり、行動または行動確率を出力する関数という形になります。

　ただ、戦略のパラメーター最適化は一筋縄ではいきません。価値評価では見積りと実際の価値を近づけるというわかりやすいゴールがありましたが、戦略から出力される行動や行動確率は、計算できる価値と直接比較を行うことができません。この場合、どのように学習を行えばよいでしょうか。

　最適化のヒントとなるのが、価値の期待値です。Day2 で Bellman Equation を導いた際、各行動の確率と価値を掛け合わせることで期待値を計算したことを思い出してください。

$$V_\pi(s) = \sum_a \pi(a|s) \sum_{s'} T(s'|s, a)(R(s, s') + \gamma V_\pi(s'))$$

　上式は状態の価値でしたが、今回は戦略の価値を考えます。ただ計算自体は確率が1つ増えるだけで、「（戦略に従い）状態に遷移する確率」「行動確率」「行動価値」から期待値を計算します。

$$J(\theta) \propto \sum_{s \in S} d^{\pi_\theta}(s) \sum_{a \in A} \pi_\theta(a|s) Q^{\pi_\theta}(s, a)$$

　π_θ はパラメーターが θ である関数で、戦略を表します。$d^{\pi_\theta}(s)$ は戦略に従い状態 s へ遷移する確率、$\pi_\theta(a|s)$ はそこで行動 a をとる確率（行動確率）、$Q^{\pi_\theta}(s, a)$ は行動価値になります。まず行動確率と行動価値から状態価値を、状態価値に遷移確率を掛け合算することで期待値を計算しています。これが $J(\theta)$ となります。

　なお、上式は等式ではなく $\propto$（proportional to）という比例関係を表す記号で結ばれていますが、これは $J(\theta)$ が平均エピソード長に比例するためです。この点については式の導出が複雑になるため割愛しますが、詳細を知りたい方は Richard

S. Sutton 著 "Reinforcement Learning: An Introduction" の Proof of the Policy Gradient Theorem を参照してください。

　では、期待値 $J(\theta)$ を最大化するにはどうすればよいでしょうか。直感的には、高い報酬が見込まれる行動には高い確率を、その逆の行動には低い確率を割り当てればよいです。このようなパラメーターの調整は、ニューラルネットワークの最適化にも使用される勾配法で行うことができます。通常の勾配法は最小化を目指す手法なので、今回のように（期待値の）最大化を行いたい場合はマイナスを掛けることで最小化＝最大化になるようにします。このように、戦略のパラメーターを勾配法で最適化する手法を方策勾配法（Policy Gradient）と呼びます。

　期待値の勾配 $\nabla J(\theta)$ は以下のようになります。

$$\nabla J(\theta) \propto \sum_{s \in S} d^{\pi_\theta}(s) \sum_{a \in A} \nabla \pi_\theta(a|s) Q^{\pi_\theta}(s, a)$$

　この式の導出は、Policy Gradient Theorem という定理により可能です。状態に遷移する確率 $d^{\pi_\theta}(s)$、行動価値 $Q^\pi(s, a)$ がいずれも戦略に依存するため、上式の導出にはいくつかの式展開が必要です。この展開には数学的な知識がある程度必要である点、また式展開そのものは実装に際しては関与しないため、本書では割愛します。詳細は "Reinforcement Learning: An Introduction" の Proof of the Policy Gradient Theorem を参照してください。

　期待値を動かす方向となる勾配 $\nabla J(\theta)$ は、「確率」×「値」という期待値の形式に変換することが可能です。まず、$\nabla \pi_\theta(a|s)$ を対数の微分の定義より以下のように変形します。

$$\nabla \pi_\theta(a|s) = \pi_\theta(a|s) \frac{\nabla \pi_\theta(a|s)}{\pi_\theta(a|s)} = \pi_\theta(a|s) \nabla \log \pi_\theta(a|s)$$

$\nabla J(\theta)$ に上式を代入すると、以下のようになります。

$$\nabla J(\theta) \propto \sum_{s \in S} d^{\pi_\theta}(s) \sum_{a \in A} \pi_\theta(a|s) \nabla \log \pi_\theta(a|s) Q^{\pi_\theta}(s, a)$$

この式は $d^{\pi_\theta}(s)$、$\pi_\theta(a|s)$ が確率、$\nabla \log \pi_\theta(a|s) Q^{\pi_\theta}(s, a)$ が値といった形になります。期待値を E [値] という形式で記述できますが、上式をこの形式で書くと以下のように書けます。

$$\nabla J(\theta) \propto E_{\pi_\theta}[\nabla \log \pi_\theta(a|s) Q^{\pi_\theta}(s, a)]$$

$\nabla \log \pi_\theta(a|s) Q^{\pi_\theta}(s, a)$ は、勾配である $\nabla \log \pi_\theta(a|s)$ が移動方向、行動価値である $Q^{\pi_\theta}(s, a)$ がその度合いというふうに解釈することができます。これを図示したものが図 4-27 になります。

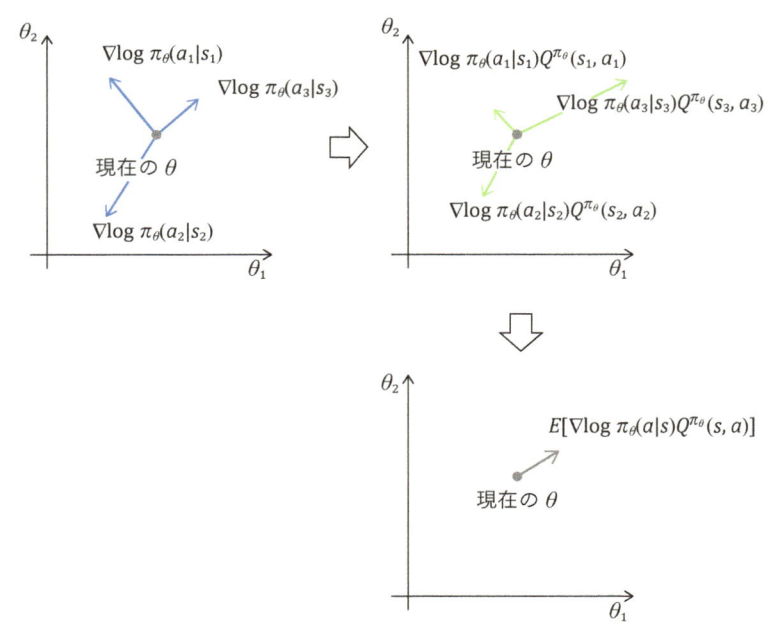

図 4-27　Policy Gradient による戦略関数更新の流れ

　図中ではパラメーターは 2 つ (θ_1, θ_2) とし、現在の θ を θ_1, θ_2 軸上の点で表しています。まず、各 (s, a) についてパラメーターの移動方向となる勾配 $\nabla \log \pi_\theta(a|s)$ を計算します。これに移動する度合いとなる価値 $Q^{\pi_\theta}(s, a)$ をかけます。その平均値（期待値）が $\nabla J(\theta)$、全体として進むべき方向となります。数式の変換は難しく感じたかもしれませんが、図を見ればそれほど難しいことをやっているわけではないことがわかると思います。

　以上で、戦略をパラメーターを持った関数とした場合の学習方法がわかりました。では、実際に実装してみましょう。まずは、前節で最初に取り組んだ CartPole を Policy Gradient で攻略してみます。コードは以下のファイルとなります。

FN/policy_gradient_agent.py

　まず Agent を実装します。

code4-20

```python
import os
import argparse
import random
from collections import deque
import numpy as np
from sklearn.preprocessing import StandardScaler
from sklearn.externals import joblib
import tensorflow as tf
from tensorflow.python import keras as K
import gym
from fn_framework import FNAgent, Trainer, Observer, Experience


class PolicyGradientAgent(FNAgent):

    def __init__(self, epsilon, actions):
        super().__init__(epsilon, actions)
        self.estimate_probs = True
        self.scaler = None
        self._updater = None

    def save(self, model_path):
        super().save(model_path)
```

```python
        joblib.dump(self.scaler, self.scaler_path(model_path))

    @classmethod
    def load(cls, env, model_path, epsilon=0.0001):
        agent = super().load(env, model_path, epsilon)
        agent.scaler = joblib.load(agent.scaler_path(model_path))
        return agent

    def scaler_path(self, model_path):
        fname, _ = os.path.splitext(model_path)
        fname += "_scaler.pkl"
        return fname

    def initialize(self, experiences, optimizer):
        self.scaler = StandardScaler()
        states = np.vstack([e.s for e in experiences])
        self.scaler.fit(states)

        feature_size = states.shape[1]
        self.model = K.models.Sequential([
            K.layers.Dense(10, activation="relu", input_shape=(feature_size,)),
            K.layers.Dense(10, activation="relu"),
            K.layers.Dense(len(self.actions), activation="softmax")
        ])
        self.set_updater(optimizer)
        self.initialized = True
        print("Done initialization. From now, begin training!")

    def set_updater(self, optimizer):
        actions = tf.placeholder(shape=(None), dtype="int32")
        rewards = tf.placeholder(shape=(None), dtype="float32")
        one_hot_actions = tf.one_hot(actions, len(self.actions), axis=1)
        action_probs = self.model.output
        selected_action_probs = tf.reduce_sum(one_hot_actions * action_probs,
                                              axis=1)
        clipped = tf.clip_by_value(selected_action_probs, 1e-10, 1.0)
        loss = - tf.log(clipped) * rewards
        loss = tf.reduce_mean(loss)

        updates = optimizer.get_updates(loss=loss,
                                        params=self.model.trainable_weights)
        self._updater = K.backend.function(
                                        inputs=[self.model.input,
                                                actions, rewards],
                                        outputs=[loss],
                                        updates=updates)
```

```python
    def estimate(self, s):
        normalized = self.scaler.transform(s)
        action_probs = self.model.predict(normalized)[0]
        return action_probs

    def update(self, states, actions, rewards):
        normalizeds = self.scaler.transform(states)
        actions = np.array(actions)
        rewards = np.array(rewards)
        self._updater([normalizeds, actions, rewards])
```

　initialize で定義されるモデルは、価値関数の実装と同じノードの数が 10 の
隠れ層を 2 つ重ね、最後に行動の数と同じだけの出力を行うニューラルネット
ワークです。ただ、今回は TensorFlow の内部のモジュールである Keras を利用
して構築しています。そして、出力しているのは状態における行動の価値ではな
く、各行動をとる確率になります。そのため、最後の activation が確率を計算す
る "softmax" になっています。

　set_updater がパラメーター更新を定義する処理になります。　学習には
$\nabla \log \pi_\theta(a|s) Q^{\pi_\theta}(s, a)$ の期待値を計算する必要がありました。まずは行動確率 $\pi_\theta(a|s)$
を計算します。計算結果が selected_action_probs であり、導出過程は図 4-28 のよ
うになります。実際にとった行動が、どれくらいの確率で行われたのかを計算し
ているということです。

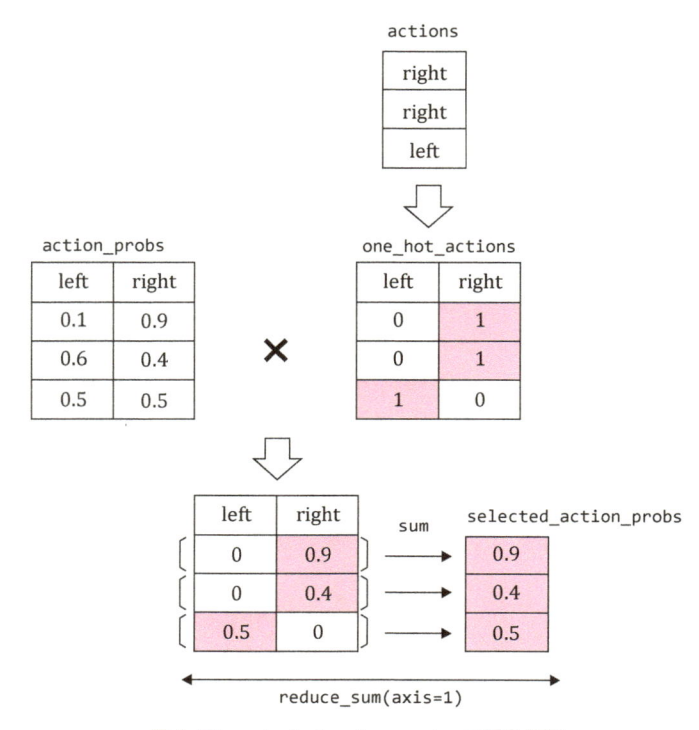

図 4-28　selected_action_probs の導出過程

　$\log \pi_\theta(a|s)$ の定義より行動確率 $\pi_\theta(a|s)$ の対数（$\log$）をとる必要がありますが、対数をとる際に確率が 0（$\log(0)$）だと値が無限大に発散してしまうため、確率値の範囲を制約しています（clipped）。rewards は報酬の割引現在価値です。つまり、$Q^{\pi_\theta}(s, a)$ は Monte Carlo 法の枠組みで算出しています。clip したうえで対数をとった確率と行動価値を掛け合わせた結果が $\log \pi_\theta(a|s)Q^{\pi_\theta}(s, a)$ となります。この期待値、つまり平均を tf.reduce_mean で計算しています。なお、前述の通り勾配法で最大化を行うため、値にはマイナスをかけています。

　この段階では、$\log \pi_\theta(a|s)Q^{\pi_\theta}(s, a)$ にはまだ ∇ がついていません。∇ の計算、つまり勾配の計算は optimizer.get_updates で行っています。これで晴れて $\nabla \log \pi_\theta(a|s)Q^{\pi_\theta}(s, a)$ の期待値 $\nabla J(\theta)$ が得られました。更新を関数化するために、

`K.backend.function` を使い、状態（`self.model.input`）と実際にとった行動（`actions`）、その結果の価値（`rewards`）を引数とし、パラメーターの更新（`updates`）を行ってくれる関数を作成しています。

　Agent に続いて、環境を扱う Observer を定義しておきます。これは、価値関数の際と同様です。

code4-21

```python
class CartPoleObserver(Observer):

    def transform(self, state):
        return np.array(state).reshape((1, -1))
```

　最後に、学習を行う Trainer を実装します。

code4-22

```python
class PolicyGradientTrainer(Trainer):

    def __init__(self, buffer_size=1024, batch_size=32,
                 gamma=0.9, report_interval=10, log_dir=""):
        super().__init__(buffer_size, batch_size, gamma,
                         report_interval, log_dir)
        self._reward_scaler = None
        self.d_experiences = deque(maxlen=buffer_size)

    def train(self, env, episode_count=220, epsilon=0.1, initial_count=-1,
              render=False):
        actions = list(range(env.action_space.n))
        agent = PolicyGradientAgent(epsilon, actions)

        self.train_loop(env, agent, episode_count, initial_count, render)
        return agent

    def episode_begin(self, episode, agent):
        self.experiences = []

    def step(self, episode, step_count, agent, experience):
        if agent.initialized:
            agent.update(*self.make_batch())
```

```python
    def make_batch(self):
        batch = random.sample(self.d_experiences, self.batch_size)
        states = np.vstack([e.s for e in batch])
        actions = [e.a for e in batch]
        rewards = [e.r for e in batch]
        rewards = np.array(rewards).reshape((-1, 1))
        rewards = self._reward_scaler.transform(rewards).flatten()
        return states, actions, rewards

    def begin_train(self, episode, agent):
        optimizer = K.optimizers.Adam(clipnorm=1.0)
        agent.initialize(self.d_experiences, optimizer)
        self._reward_scaler = StandardScaler(with_mean=False)
        rewards = np.array([[e.r] for e in self.d_experiences])
        self._reward_scaler.fit(rewards)

    def episode_end(self, episode, step_count, agent):
        rewards = [e.r for e in self.experiences]
        self.reward_log.append(sum(rewards))

        discounteds = []
        for t, r in enumerate(rewards):
            d_r = [_r * (self.gamma ** i) for i, _r in
                        enumerate(rewards[t:])]
            d_r = sum(d_r)
            discounteds.append(d_r)

        for i, e in enumerate(self.experiences):
            s, a, r, n_s, d = e
            d_r = discounteds[i]
            d_e = Experience(s, a, d_r, n_s, d)
            self.d_experiences.append(d_e)

        if not self.training and len(self.d_experiences) == self.buffer_size:
            self.begin_train(i, agent)
            self.training = True

        if self.is_event(episode, self.report_interval):
            recent_rewards = self.reward_log[-self.report_interval:]
            self.logger.describe("reward", recent_rewards, episode=episode)
```

　先ほど述べた通り、今回は価値として割引現在価値を使用しています。割引現在価値はエピソードが終了してから計算するため、episode_end で計算を行っています。計算過程は図 4-29 のようになっており、値は discounteds に格納されます。

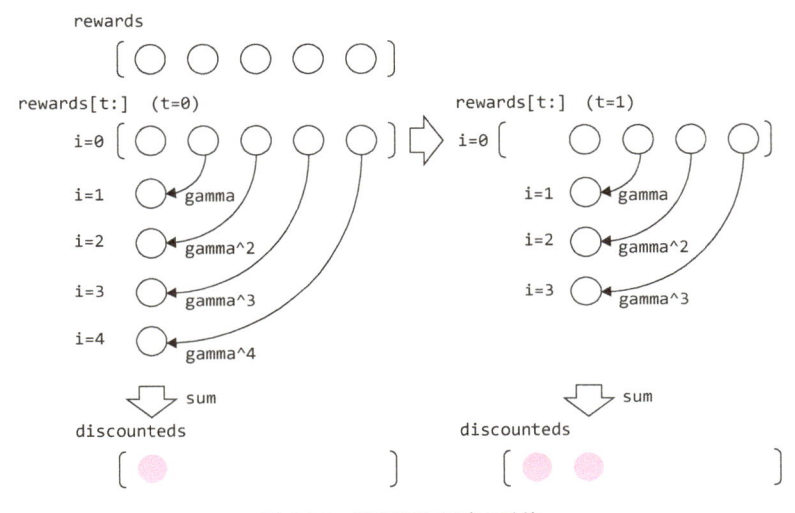

図 4-29　割引現在価値の計算

　エピソードが終了するまでは self.experiences に経験を蓄積し、終了した後に割引現在価値を計算し self.d_experiences に入れ替えています。

　make_batch でエージェントに経験を渡していますが、割引現在価値については self._reward_scaler で正規化を行っています。この処理は状態の正規化でも使用している StandardScaler で行っていますが、self._reward_scaler は StandardScaler(with_mean=False) と宣言されており、平均を 0 にする操作を行っていません。というのも、報酬の平均を 0 にずらしてしまうと、ずらした結果マイナスになる報酬も発生するためです。マイナスの報酬は Agent にとっては「ペナルティ」のような扱いになり、行動が抑制されてしまいます。これはプラスに働く場合もありますが、本来学習させたかった行動とかけ離れてしまう場合もあるため、ずらさないほうが適切です（詳細は "The Nuts and Bolts of Deep RL Research" を参照してください）。

　最後に、学習を実行するための処理を実装します。

code4-23

```python
def main(play):
    env = CartPoleObserver(gym.make("CartPole-v0"))
    trainer = PolicyGradientTrainer()
    path = trainer.logger.path_of("policy_gradient_agent.h5")

    if play:
        agent = PolicyGradientAgent.load(env, path)
        agent.play(env)
    else:
        trained = trainer.train(env, episode_count=250)
        trainer.logger.plot("Rewards", trainer.reward_log,
                            trainer.report_interval)
        trained.save(path)

if __name__ == "__main__":
    parser = argparse.ArgumentParser(description="PG Agent")
    parser.add_argument("--play", action="store_true",
                        help="play with trained model")

    args = parser.parse_args()
    main(args.play)
```

実際に実行した結果が図 4-30 のようになります。

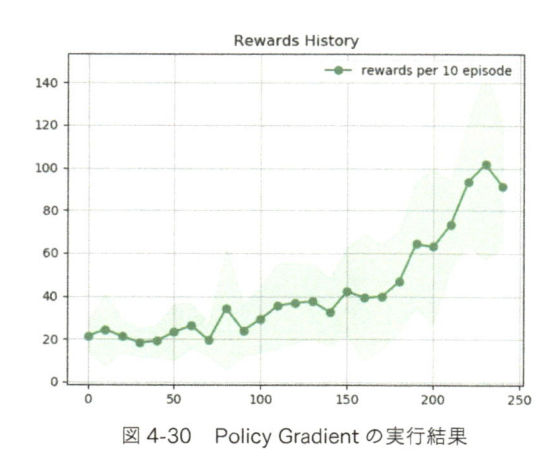

図 4-30　Policy Gradient の実行結果

報酬が十分な値になるには、価値関数の場合（図 4-21）より多少時間がかかり

ます。

　今回 Policy Gradient に使用した「価値」は割引現在価値でしたが、価値の選択にはいくつかバリエーションがあります。Day3 を学んだ読者の方は、まずエピソードの終了を待たずに $Q^{\pi_\theta}(s, a)$ を計算する手法が思いつくでしょう。価値の見積りである $Q^{\pi_\theta}(s, a)$ を用いることで、Day3 でも述べた通り特定エピソードの経験に対する依存を抑制することができます。これを "unbiased" な価値と呼び、逆に割引現在価値（Monte Carlo）ベースの場合を "biased" な価値と呼びます。

　Actor Critic の枠組みを使用すれば、$Q^{\pi_\theta}(s, a)$ は戦略（Actor）とは別に Critic 側で求めることも可能です。Critic 側のパラメーターを w とすると、勾配は以下のように書けます。

$$\nabla J(\theta) = E[\nabla_\theta \log \pi_\theta(a|s) Q_w(s, \ a)]$$

　Critic のパラメーターが加わったにもかかわらず、勾配は戦略のパラメーターである θ のものだけ（$\nabla_\theta \log \pi_\theta(a|s)$）になっています。これは、価値関数側（Critic）も戦略側（Actor）の勾配で最適化が可能で、かつ戦略側の価値（$Q^{\pi_\theta}(s, a)$）と価値関数の価値（$Q_w(s, a)$）が最終的に一致すると見なせる場合に成立します。これを、Compatible Function Approximation Theorem と呼びます。端的には、価値関数と同じ評価で戦略の決定が行われていれば OK ということです。

　他に、行動の相対的な価値を使用する手法があります。というのも、状態における行動価値 $Q(s, a)$ は行動の違いよりも状態の違いに左右されがちなためです。通勤するときに電車が遅延すると何をしても大抵遅れると思いますが、このように価値は状態そのものへの依存が大きい傾向があります。そのため、状態の価値を差し引いたうえで行動を評価します。具体的には、以下のように計算を行います。

$$A(s, a) = Q_w(s, a) \ - \ V_v(s)$$

　$Q_w(s, a)$ から状態の価値 $V_v(s)$ を引いた $A(s, a)$ が、純粋な行動の価値というわけです。これを Advantage と呼びます。ただ、このままだと $Q_w(s, a)$ を計算する関

数以外に $V_v(s)$ を計算する関数も必要になってしまいます。そこで、$Q_w(s, a)$ として割引現在価値を使用し、そこから $V_v(s)$ をマイナスする形で Advantage を計算する場合もあります。Advantage を利用する場合、勾配は以下のようになります。

$$\nabla J(\theta) = E[\nabla_\theta \log \pi_\theta(a|s) A(s, a)]$$

Advantage による最適化を行う際も、$\pi_\theta(a|s)$ を Actor、Advantage の計算に必要な $V_v(s)$ を Critic として Actor Critic 法を使用することができます。これが、次節で紹介する Advantage Actor Critic（A2C）になります。

見積りの $Q_w(s, a)$ を使う手法、行動の相対価値である Advantage を使う手法、これら以外にもいくつかバリエーションがありますが、いずれも単に割引現在価値を使用するより学習を安定させることができます。

4.5　戦略に深層学習を適用する：Advantage Actor Critic（A2C）

価値関数に DNN を適用したように、戦略の関数にも DNN を適用することが可能です。この場合は、ゲーム画面を入力として行動・行動確率を出力する関数を構築することになります。価値関数の際にボールキャッチゲームに挑戦したように、戦略でも同様に挑戦を行ってみましょう。

Policy Gradient にはいくつかバリエーションがありましたが、前節で述べた通り本節では Advantage を使った Actor Critic すなわち Advantage Actor Critic（A2C）と呼ばれる手法を使用します。 なお、「A2C」という名前自体には "Advantage Actor Critic" という意味しかないのですが、一般的に「A2C」と呼ばれる手法には分散環境で並列に経験を収集する手法も含みます。本節では純粋に「A2C」の部分のみ実装し、分散収集については解説を行うにとどめます。

なお、A2C に分散収集の手法が含まれているのは A2C の前に A3C（Asynchronous Advantage Actor Critic）（参考文献 [Day4-19]）という手法が発表されていたからという事情があります。A3C は A2C と同様に分散環境を使用しますが、各環境のエージェントはそこで経験を収集するだけではなく、学習も行

います。これが "Asynchronous" な学習です。しかし、Asynchronous な学習をしなくても十分な精度、あるいはそれ以上の精度が出る、つまり "A" は 3 つでなく2 つで十分、とされたのが A"2"C の生まれた背景です。そのため Asynchronousな学習はなくなったものの分散環境による収集は残っています。

　分散環境を使った経験収集の目的は、Experience Reply と同様に学習するバッチ内の経験を多様なものにするためです。Experience Reply では大きなバッファを用意してそこからサンプリングすることで多様性を担保していましたが、分散収集では別々の環境における経験を集めることで多様性を担保します。イメージ的には、分身の術を使用して分身が得た経験を本体に渡す形です。これにより、大きいバッファがなくても多様な経験を収集することが可能です（図 4-31）。

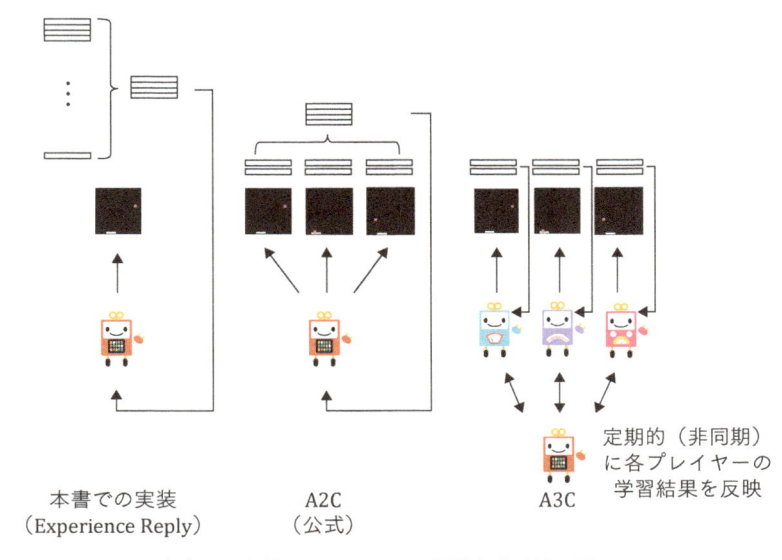

図 4-31　本書での実装・A2C・A3C の経験収集方法の違い

　A2C の A3C の違いは、経験だけ伝えるか学習結果を伝えるかの違いになります。分身の術の例えでは、本体しか学習しないのか、各分身に学習能力があるのかの違いになります。

　本書の手法のように、Experience Reply を用いた Actor Critic の手法としては、DDPG（Deep Deterministic Policy Gradient）（参考文献［Day4-26］）という手法があります。DDPG はその名の通り、行動を行動確率の分布からサンプリングする（確率的＝Stochastic）のではなく、行動を直接出力する（決定的＝Deterministic）手法になります。学習に際しては Advantage ではなく TD 誤差を用い、Deep Q-Network のように Fixed Target Q-Network を使用します。DDPG の実装については後で紹介を行います。DDPG、A2C、A3C はいずれも Policy Gradient の代表的な手法となります。各手法の関連図については、本章最後の節で紹介します。

　では、本題の A2C の実装に入ります。本書で実装するネットワークの構造は図 4-32 のようになっています。Deep Q-Network を実装した際と同様にゲームの画面が入力（状態）となり、出力するのは「行動（a）」と Advantage を計算するための「状態評価（$V(s)$）」になります。なお、行動については $Q(s, a)$ の値をもとにサンプリングを行います。前者が Actor、後者が Critic となりますが、Actor と Critic は途中までネットワークを共有します。

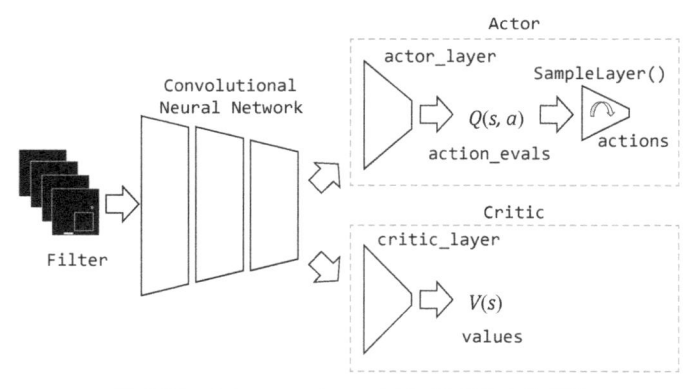

図 4-32　Advantage Actor Critic（A2C）の構成図

　では、実装してみましょう。これから解説するコードは、以下のファイルになります。

FN/ a2c_agent.py

まずは、Agentを実装します。

code4-24

```python
import random
import argparse
from collections import import deque
import numpy as np
import tensorflow as tf
from tensorflow.python import keras as K
from PIL import import Image
import gym
import gym_ple
from fn_framework import FNAgent, Trainer, Observer, Experience


class ActorCriticAgent(FNAgent):

    def __init__(self, epsilon, actions):
        super().__init__(epsilon, actions)
        self._updater = None

    @classmethod
    def load(cls, env, model_path, epsilon=0.0001):
        actions = list(range(env.action_space.n))
        agent = cls(epsilon, actions)
        agent.model = K.models.load_model(model_path, custom_objects={
                        "SampleLayer": SampleLayer})
        agent.initialized = True
        return agent

    def initialize(self, experiences, optimizer):
        feature_shape = experiences[0].s.shape
        self.make_model(feature_shape)
        self.set_updater(optimizer)
        self.initialized = True

    def make_model(self, feature_shape):
        normal = K.initializers.glorot_normal()
        model = K.Sequential()
        model.add(K.layers.Conv2D(
            32, kernel_size=8, strides=4, padding="same",
            input_shape=feature_shape,
            kernel_initializer=normal, activation="relu"))
        model.add(K.layers.Conv2D(
            64, kernel_size=4, strides=2, padding="same",
```

```python
                kernel_initializer=normal, activation="relu"))
    model.add(K.layers.Conv2D(
        64, kernel_size=3, strides=1, padding="same",
        kernel_initializer=normal, activation="relu"))
    model.add(K.layers.Flatten())
    model.add(K.layers.Dense(256, kernel_initializer=normal,
                            activation="relu"))

    actor_layer = K.layers.Dense(len(self.actions),
                                kernel_initializer=normal)
    action_evals = actor_layer(model.output)
    actions = SampleLayer()(action_evals)

    critic_layer = K.layers.Dense(1, kernel_initializer=normal)
    values = critic_layer(model.output)

    self.model = K.Model(inputs=model.input,
                        outputs=[actions, action_evals, values])
```

　make_model で作成しているモデルは、図4-32で示した通り途中までネットワークを共用した Actor/Critic になります。Actor 側は全結合層で計算した値（$Q(s, a)$）から SampleLayer() により行動（actions）をサンプリングします。Critic 側は全結合層により状態価値（values）を出力しています。

　構築したネットワークの出力は行動と状態価値であり、行動確率はありません。しかし、Policy Gradient では行動確率がなければ勾配を求めることができませんでした。その点をどうクリアしているのかについて、set_updater を見てみましょう。

code4-25

```python
    def set_updater(self, optimizer,
                    value_loss_weight=1.0, entropy_weight=0.1):
        actions = tf.placeholder(shape=(None), dtype="int32")
        rewards = tf.placeholder(shape=(None), dtype="float32")

        _, action_evals, values = self.model.output

        neg_logs = tf.nn.sparse_softmax_cross_entropy_with_logits(
                    logits=action_evals, labels=actions)
```

```
        advantages = rewards - values

        policy_loss = tf.reduce_mean(neg_logs * tf.nn.softplus(advantages))
        value_loss = tf.losses.mean_squared_error(rewards, values)
        action_entropy = tf.reduce_mean(self.categorical_entropy(action_evals))

        loss = policy_loss + value_loss_weight * value_loss
        loss -= entropy_weight * action_entropy

        updates = optimizer.get_updates(loss=loss,
                                        params=self.model.trainable_weights)

        self._updater = K.backend.function(
                                        inputs=[self.model.input,
                                                actions, rewards],
                                        outputs=[loss,
                                                 policy_loss,
                                                 tf.reduce_mean(neg_logs),
                                                 tf.reduce_mean(advantages),
                                                 value_loss,
                                                 action_entropy],
                                        updates=updates)

    def categorical_entropy(self, logits):
        a0 = logits - tf.reduce_max(logits, axis=-1, keepdims=True)
        ea0 = tf.exp(a0)
        z0 = tf.reduce_sum(ea0, axis=-1, keepdims=True)
        p0 = ea0 / z0
        return tf.reduce_sum(p0 * (tf.log(z0) - a0), axis=-1)

    def policy(self, s):
        if np.random.random() < self.epsilon or not self.initialized:
            return np.random.randint(len(self.actions))
        else:
            action, action_evals, values = self.model.predict(np.array([s]))
            return action[0]

    def estimate(self, s):
        action, action_evals, values = self.model.predict(np.array([s]))
        return values[0][0]

    def update(self, states, actions, rewards):
        return self._updater([states, actions, rewards])
```

　set_updater ではパラメーター更新の処理を行っています。Actor 側は期待値の勾配で、Critic 側は見積もった価値と実際の価値との差異で更新を行います。Actor

側の更新に使用する「期待値の勾配」とは、具体的には $\log \pi_\theta(a|s)A(s, a)$ でした。

　$\log \pi_\theta(a|s)$ については、`tf.nn.sparse_softmax_cross_entropy_with_logits` で求めています。この関数の中で先ほど Policy Gradient を実装した際と同様、「行動評価（`action_evals`）から行動確率を計算し、その中から実際にとった行動（`actions`）の確率をとり、対数をとった後に最大化問題を最小化問題にするためマイナスをかける」という処理が行われています。マイナスをかけているため、得られるのは $-\log \pi_\theta(a|s)$（＝`neg_logs`）となります。

　$A(s, a)$ については、Advantage の定義通り `rewards - values` で求めています。これで計算に必要な値はそろいました。ただ、Advantage は `values` を引くことで計算するため、場合によっては負の値をとる可能性があります。負の報酬は Agent にとってペナルティのような扱いになり、行動を抑制してしまうことは前節で述べました。そのため、`tf.nn.softplus` を使用することで Advantage が負になる場合は「負にならない小さい値」にするようにしています（ただ、この工夫はあまり一般的ではありません）。

　最終的に、$-\log \pi_\theta(a|s)A(s, a)$ を `neg_logs * tf.nn.softplus(advantages)` で計算し `tf.reduce_mean` でその平均をとっています。

　Critic 側は、割引現在価値（`rewards`）と見積り（`values`）との間の誤差（平均二乗誤差＝`value_loss`）を最小化するように更新します。一連の処理を図にすると、図4-33 のようになります。

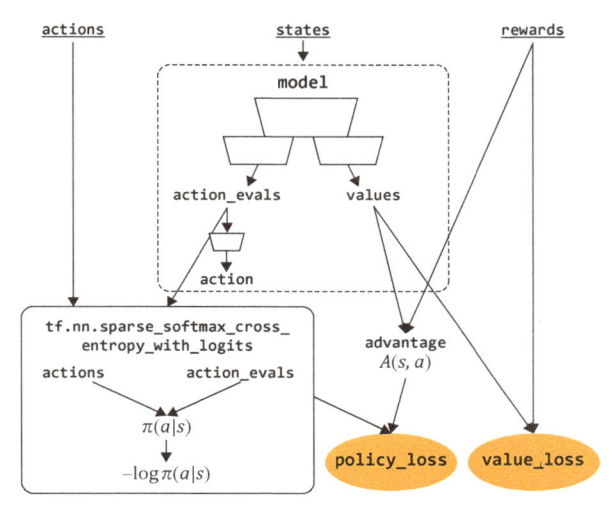

図 4-33　A2C におけるパラメーター更新のための計算プロセス

　policy_loss と value_loss を合計することで、目的関数の値（loss）を計算してい
ます。計算した loss からは action_entropy を引いています。これは、行動選択が
1 つの行動に偏らないための措置になります。ある行動をとる確率が 1 で他は 0、
というような極端な確率配分でなく、なだらかである（＝不確実性が高い＝エン
トロピーが高い）ほうが好ましいということです。「行動選択が 1 つの行動に偏っ
ている」状態は、いわゆる過学習している状態に近いため、それを防止する措置
になります。value_loss、action_entropy についてはそれぞれ value_loss_weight と
entropy_weight で配分率を調整できるようにしています。

　残りのメソッドとして、policy では行動を、estimate では状態価値を出力してい
ます。これで Agent の実装は完了です。

　続いて定義する SampleLayer は、行動評価（action_evals）から行動（actions）を選
択するための層になります。評価にノイズを乗せていますが、これも行動をある
程度ばらつかせるための（過学習を防止するための）措置になります。

code4-26

```python
class SampleLayer(K.layers.Layer):

    def __init__(self, **kwargs):
        self.output_dim = 1 # sample one action from evaluations
        super(SampleLayer, self).__init__(**kwargs)

    def build(self, input_shape):
        super(SampleLayer, self).build(input_shape)

    def call(self, x):
        noise = tf.random_uniform(tf.shape(x))
        return tf.argmax(x - tf.log(-tf.log(noise)), axis=1)

    def compute_output_shape(self, input_shape):
        return (input_shape[0], self.output_dim)
```

　続いて、価値関数の実装時にも行ったテスト用 Agent の作成を行います。　ネットワーク構成は実際に使うものと異なりますが、学習の仕組み（set_updater）がうまく機能するかを短い時間で確認することができます。

code4-27

```python
class ActorCriticAgentTest(ActorCriticAgent):

    def make_model(self, feature_shape):
        normal = K.initializers.glorot_normal()
        model = K.Sequential()
        model.add(K.layers.Dense(64, input_shape=feature_shape,
                                 kernel_initializer=normal, activation="relu"))
        model.add(K.layers.Dense(64, kernel_initializer=normal,
                                 activation="relu"))

        actor_layer = K.layers.Dense(len(self.actions),
                                     kernel_initializer=normal)

        action_evals = actor_layer(model.output)
        actions = SampleLayer()(action_evals)

        critic_layer = K.layers.Dense(1, kernel_initializer=normal)
        values = critic_layer(model.output)

        self.model = K.Model(inputs=model.input,
```

```
                        outputs=[actions, action_evals, values])
```

環境を扱う Observer は、価値評価の際と同じです。

code4-28

```python
class CatcherObserver(Observer):

    def __init__(self, env, width, height, frame_count):
        super().__init__(env)
        self.width = width
        self.height = height
        self.frame_count = frame_count
        self._frames = deque(maxlen=frame_count)

    def transform(self, state):
        grayed = Image.fromarray(state).convert("L")
        resized = grayed.resize((self.width, self.height))
        resized = np.array(resized).astype("float")
        normalized = resized / 255.0 # scale to 0~1
        if len(self._frames) == 0:
            for i in range(self.frame_count):
                self._frames.append(normalized)
        else:
            self._frames.append(normalized)
        feature = np.array(self._frames)
        # Convert the feature shape (f, w, h) => (w, h, f).
        feature = np.transpose(feature, (1, 2, 0))

        return feature
```

そして、学習を行う Trainer を定義します。Trainer は、ログに出力する項目を増やしている以外は Policy Gradient の際と同じです。

code4-29

```python
class ActorCriticTrainer(Trainer):

    def __init__(self, buffer_size=50000, batch_size=32,
                 gamma=0.99, initial_epsilon=0.1, final_epsilon=1e-3,
                 learning_rate=1e-3, report_interval=10,
```

```
                log_dir="", file_name=""):
        super().__init__(buffer_size, batch_size, gamma,
                         report_interval, log_dir)
        self.file_name = file_name if file_name else "a2c_agent.h5"
        self.initial_epsilon = initial_epsilon
        self.final_epsilon = final_epsilon
        self.learning_rate = learning_rate
        self.d_experiences = deque(maxlen=self.buffer_size)
        self.training_episode = 0
        self.losses = {}
        self._max_reward = -10

    def train(self, env, episode_count=1200, initial_count=10,
              test_mode=False, render=False):
        actions = list(range(env.action_space.n))
        if not test_mode:
            agent = ActorCriticAgent(1.0, actions)
        else:
            agent = ActorCriticAgentTest(1.0, actions)
        self.training_episode = episode_count

        self.train_loop(env, agent, episode_count, initial_count, render)
        return agent

    def episode_begin(self, episode, agent):
        self.losses = {}
        for key in ["loss", "loss_policy", "loss_action", "loss_advantage",
                    "loss_value", "entropy"]:
            self.losses[key] = []
        self.experiences = []

    def step(self, episode, step_count, agent, experience):
        if self.training:
            loss, lp, ac, ad, vl, en = agent.update(*self.make_batch())
            self.losses["loss"].append(loss)
            self.losses["loss_policy"].append(lp)
            self.losses["loss_action"].append(ac)
            self.losses["loss_advantage"].append(ad)
            self.losses["loss_value"].append(vl)
            self.losses["entropy"].append(en)

    def make_batch(self):
        batch = random.sample(self.d_experiences, self.batch_size)
        states = [e.s for e in batch]
        actions = [e.a for e in batch]
        rewards = [e.r for e in batch]
        return states, actions, rewards
```

```python
def begin_train(self, episode, agent):
    self.logger.set_model(agent.model)
    agent.epsilon = self.initial_epsilon
    self.training_episode -= episode
    print("Done initialization. From now, begin training!")

def episode_end(self, episode, step_count, agent):
    rewards = [e.r for e in self.experiences]
    self.reward_log.append(sum(rewards))

    if not agent.initialized:
        optimizer = K.optimizers.Adam(lr=self.learning_rate, clipnorm=5.0)
        agent.initialize(self.experiences, optimizer)

    discounteds = []
    for t, r in enumerate(rewards):
        future_r = [_r * (self.gamma ** i) for i, _r in
                    enumerate(rewards[t:])]
        _r = sum(future_r)
        discounteds.append(_r)

    for i, e in enumerate(self.experiences):
        s, a, r, n_s, d = e
        d_r = discounteds[i]
        v = agent.estimate(s)
        d_e = Experience(s, a, d_r, n_s, d)
        self.d_experiences.append(d_e)

    if not self.training and len(self.d_experiences) == self.buffer_size:
        self.begin_train(i, agent)
        self.training = True

    if self.training:
        reward = sum(rewards)
        self.logger.write(self.training_count, "reward", reward)
        self.logger.write(self.training_count, "reward_max", max(rewards))
        self.logger.write(self.training_count, "epsilon", agent.epsilon)
        for k in self.losses:
            loss = sum(self.losses[k]) / step_count
            self.logger.write(self.training_count, "loss/" + k, loss)
        if reward > self._max_reward:
            agent.save(self.logger.path_of(self.file_name))
            self._max_reward = reward

        diff = (self.initial_epsilon - self.final_epsilon)
        decay = diff / self.training_episode
```

```
        agent.epsilon = max(agent.epsilon - decay, self.final_epsilon)

    if self.is_event(episode, self.report_interval):
        recent_rewards = self.reward_log[-self.report_interval:]
        self.logger.describe("reward", recent_rewards, episode=episode)
```

最後に、実行のための処理を実装します。

code4-30

```python
def main(play, is_test):
    file_name = "a2c_agent.h5" if not is_test else "a2c_agent_test.h5"
    trainer = ActorCriticTrainer(file_name=file_name)
    path = trainer.logger.path_of(trainer.file_name)
    agent_class = ActorCriticAgent

    if is_test:
        print("Train on test mode")
        obs = gym.make("CartPole-v0")
        agent_class = ActorCriticAgentTest
    else:
        env = gym.make("Catcher-v0")
        obs = CatcherObserver(env, 80, 80, 4)
        trainer.learning_rate = 7e-5

    if play:
        agent = agent_class.load(obs, path)
        agent.play(obs, episode_count=10, render=True)
    else:
        trainer.train(obs, test_mode=is_test)


if __name__ == "__main__":
    parser = argparse.ArgumentParser(description="A2C Agent")
    parser.add_argument("--play", action="store_true",
                        help="play with trained model")
    parser.add_argument("--test", action="store_true",
                        help="train by test mode")

    args = parser.parse_args()
    main(args.play, args.test)
```

実際に実行すると、図 4-34 のような結果になります。Policy Gradient 系の手
法は実行結果が安定しないことがあるため、3 回の実行結果を表示しています。

reward

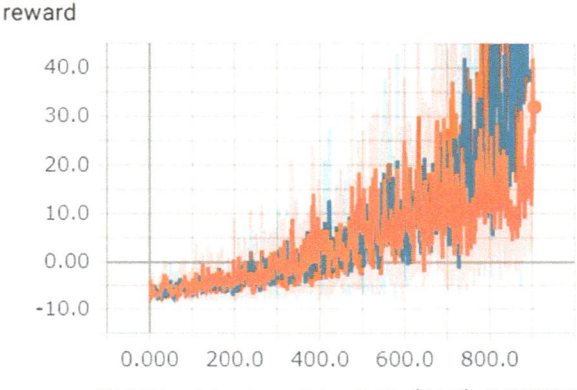

図 4-34　Advantage Actor Critic（A2C）の学習結果

いずれの実行でも、報酬が獲得できるようになっていることがわかります。

「Policy Gradient 系の手法は実行結果が安定しないことがある」と述べましたが、この点を改善する手法が提案されています。それは、更新前の戦略からあまり離れないように、つまり徐々に変化するように制約をかけるというものです。式で表すと、以下のようになります。

$$E_t[KL[\pi_{\theta_{\mathrm{old}}}(\cdot|s_t),\ \pi_\theta(\cdot|s_t)]] \leq \delta$$

上の式では、更新前の行動分布（$\pi_{\theta_{\mathrm{old}}}(\cdot|s_t)$）と、更新後の分布（$\pi_\theta(\cdot|s_t)$）との距離が、$\delta$ 以下になるように制約をかけています。KL は Kullback-Leibler Distance（KL 距離）のことで、分布間の距離を測る指標の 1 つです。この制約下で、得られる Advantage が大きくなるよう更新します（Advantage には、更新前後の変化に応じて重み（$\frac{\pi_\theta(a_t|s_t)}{\pi_{\theta_{\mathrm{old}}}(a_t|s_t)}$）がかけられます）。

$$\underset{\theta}{\mathrm{maximize}}\, E_t\left[\frac{\pi_\theta(a_t|s_t)}{\pi_{\theta_{\mathrm{old}}}(a_t|s_t)}A_t\right]$$

これが、Trust Region Policy Optimization（TRPO）（参考文献［Day4-23］）と

呼ばれる手法です。TRPO における距離の制約は、制約としてではなく目的関数
の中に組み込んでしまうこともできます。

$$\underset{\theta}{\text{maximize}}\, E_t\left[\frac{\pi_\theta(a_t|s_t)}{\pi_{\theta_{\text{old}}}(a_t|s_t)}A_t \,-\, \beta KL[\pi_{\theta_{\text{old}}}(\cdot|s_t),\, \pi_\theta(\cdot|s_t)]\right]$$

　上の式は、KL 距離が大きくなるとせっかく獲得した Advantage がマイナスさ
れるようになっています。つまり、更新幅を抑えつつ得られる Advantage を大き
くしなければいけないということです。なお、更新前後が完全に一致した場合は、
以下の $r_t(\theta)$ が 1 になります。

$$r_t(\theta) = \frac{\pi_\theta(a_t|s_t)}{\pi_{\theta_{\text{old}}}(a_t|s_t)},\ \text{so}\quad r(\theta_{\text{old}}) = 1$$

　$r_t(\theta)$ が 1 から大きく離れる場合（更新前後で戦略が大きく変わる場合）には一
定の上限値で制限します。以下の式は、$r_t(\theta)$ を $1-\epsilon$ から $1+\epsilon$ の範囲に制限して
います。

$$\text{clip}(r_t(\theta),\, 1-\epsilon,\, 1+\epsilon)A_t$$

　この $r_t(\theta)$ の制約を目的関数に組み込んだ手法が、Proximal Policy Optimization
（PPO）（参考文献 [Day4-24]）と呼ばれます。実際更新を行う際は、制約をかけ
ない場合の値と比較して最小値をとります。

$$L^{\text{CLIP}}(\theta) = E_t[\min(r_t(\theta)A_t,\, \text{clip}(r_t(\theta),\, 1-\epsilon,\, 1+\epsilon)A_t]$$

　これにより、$r_t(\theta)$ が離れることで得られたメリット（Advantage）は clip によ
り小さく、離れることで下がった Advantage は clip で軽減されることなくペナル
ティとして与えられることになります。端的にはルールを破って得た報酬は取り
上げられ、ルールを破って被った損失は丸被りになるという厳しめの式になって
います。図 4-35 は PPO の論文に記載されている図ですが、単に clip するだけで
なく最小値（min）をとることで、分布の距離が離れた際にペナルティが発動して

いる（値が下がっている）ことを確認できます。

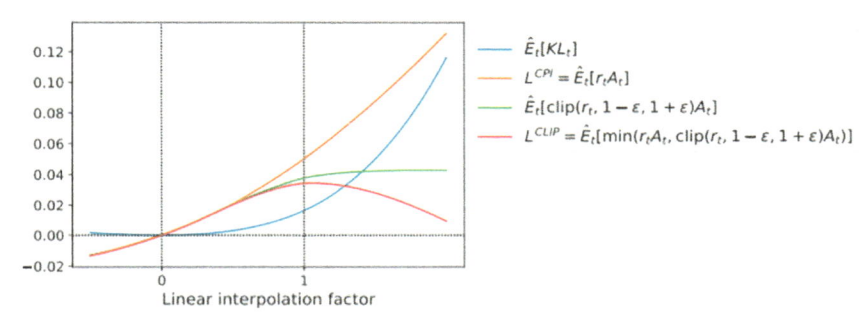

図 4-35　目的関数において最小値をとる効果
[Proximal Policy Optimization Algorithms, Figure2 より引用]

　TRPO/PPO もまた、A2C/A3C と並び、現在標準的に用いられるアルゴリズムです。ここまで押さえておけば、今後新しい Policy Gradient の手法が発明されてもその仕組みを理解できると思います。

　こうした Policy ベースの手法のメリットとして、行動を直接出力できるという点があります。特に行動が連続値である場合、価値評価ベースだと $Q(s, a)$ のサイズが非常に大きくなりとても対応できません（ハンドルの角度が 10 度、11 度、11.5 度など…）。行動の範囲を離散化するなどして対応することもできますが、Policy ベースの手法であれば直接行動を出力することができます。

　ただ、今回実装した A2C では $Q(s, a)$ を使用し行動確率を計算していました。そのため、実質的には価値評価ベースと等価になっています。行動ごとの評価を回避するには、$a = \mu_\theta(s)$ というように状態から直接行動を出力する必要があります。しかし、これでは行動の確率がわからなくなってしまい、Policy Gradient の手法が使えません。

　行動を直接出力しつつ、学習を行うには 2 つの方法があります。1 つ目は行動を確率分布からサンプリングする方法、2 つ目は行動が「決定的に」（確率 1 で）選択されるという前提をおき最適化する手法です。

　確率分布を利用することで、ある行動がどの程度の確率で選択されたのかを計測することができます。具体的には、戦略のモデルからは分布のパラメーター（正規分布なら平均・分散）を出力し、行動はそのパラメーターに従う確率分布からサンプリングします。確率分布があれば行動がどの程度の確率で選択されたのかを計算することができるため、PolicyGradient において勾配の計算に必要な $\log \pi_\theta(a|s)$ を得ることができます。

　一方、行動が確率的でなく Value ベースのように「ベストな行動」が決定的に（確率 1 で）選択されるという前提をおく手法があります。この仮定をおいた場合の最適化方法を提案した研究が、その名の通り Deterministic Policy Gradient（DPG）（参考文献［Day4-25］）です。そして、DPG を DNN で強化したものが DDPG になります。行動を直接出力する戦略を $\mu_\theta(s)$ とすると、戦略で得られる価値は $Q_w(s, \mu_\theta(s))$ と定義でき、その期待値は以下のように書けます。

$$J(\theta) = E_{s \sim d^\mu}[Q_w(s, \mu_\theta(s))]$$

　この期待値の式において、価値評価を行う Q_w は TD 誤差で、戦略である μ_θ は Q_w の勾配と自身の勾配を掛け合わせることで最適化できることが証明されています。本書での解説は割愛しますが、詳細が気になる方は "Deterministic Policy Gradient Theorem" を参照してください。確率分布を利用する場合、行動を決定的に選択する場合、いずれの手法でも連続値コントロールのタスクを行うことができます。

　DDPG を利用した連続値のコントロールについて、実例を見てみましょう。ここでは keras-rl というさまざまな強化学習アルゴリズムを Keras で実装したライブラリを使って試します。実装してみて感じたかと思いますが、特に Policy ベースの手法は学習が安定しないことが多いです。そのためアルゴリズムを試す際は、勉強以外の場合はすでにテストされている実装を利用することを推奨します。この点は Day5 でも触れていきます。

　これから紹介するコードは、keras-rl の example に収録されている以下のコードです。実際動作させる場合は、keras-rl のリポジトリで示されている手順に沿っ

て環境のセットアップを行います。

https://github.com/keras-rl/keras-rl/blob/master/examples/ddpg_pendulum.py

　こちらのコードでは、壁にぶら下がったバーにうまく力を加えることで、直立させることを目指す環境（Pendulum-v0）を扱っています。状態としてバーの x, y 座標と角速度が与えられ、行動としてバーに力を加えます。この行動が、−2 〜 2 の間の連続値になります。

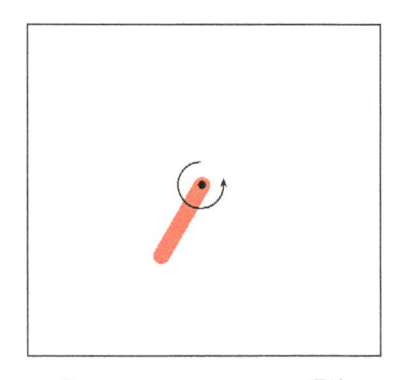

図 4-36　Pendulum-v0 の環境

　では、実際にコードを見てみましょう。DDPG は Actor Critic の枠組みで学習するため、Actor と Critic の定義が大半です。学習に際しては、SequentialMemory に経験をため、そこからバッチを取得し Adam によりネットワークの最適化を行います。

code4-31

```
import numpy as np
import gym

from keras.models import Sequential, Model
from keras.layers import Dense, Activation, Flatten, Input, Concatenate
from keras.optimizers import Adam
```

```python
from rl.agents import DDPGAgent
from rl.memory import SequentialMemory
from rl.random import OrnsteinUhlenbeckProcess


ENV_NAME = 'Pendulum-v0'
gym.undo_logger_setup()


# Get the environment and extract the number of actions.
env = gym.make(ENV_NAME)
np.random.seed(123)
env.seed(123)
assert len(env.action_space.shape) == 1
nb_actions = env.action_space.shape[0]

# Next, we build a very simple model.
actor = Sequential()
actor.add(Flatten(input_shape=(1,) + env.observation_space.shape))
actor.add(Dense(16))
actor.add(Activation('relu'))
actor.add(Dense(16))
actor.add(Activation('relu'))
actor.add(Dense(16))
actor.add(Activation('relu'))
actor.add(Dense(nb_actions))
actor.add(Activation('linear'))
print(actor.summary())

action_input = Input(shape=(nb_actions,), name='action_input')
observation_input = Input(shape=(1,) + env.observation_space.shape,
name='observation_input')
flattened_observation = Flatten()(observation_input)
x = Concatenate()([action_input, flattened_observation])
x = Dense(32)(x)
x = Activation('relu')(x)
x = Dense(32)(x)
x = Activation('relu')(x)
x = Dense(32)(x)
x = Activation('relu')(x)
x = Dense(1)(x)
x = Activation('linear')(x)
critic = Model(inputs=[action_input, observation_input], outputs=x)
print(critic.summary())

# Finally, we configure and compile our agent. You can use every built-in Keras
```

```python
optimizer and
# even the metrics!
memory = SequentialMemory(limit=100000, window_length=1)
random_process = OrnsteinUhlenbeckProcess(size=nb_actions,
                                           theta=.15, mu=0., sigma=.3)
agent = DDPGAgent(nb_actions=nb_actions, actor=actor, critic=critic,
                  critic_action_input=action_input,
                  memory=memory, nb_steps_warmup_critic=100,
                  nb_steps_warmup_actor=100,
                  random_process=random_process, gamma=.99,
                  target_model_update=1e-3)
agent.compile(Adam(lr=.001, clipnorm=1.), metrics=['mae'])

# Okay, now it's time to learn something! We visualize the training here for show,
but this
# slows down training quite a lot. You can always safely abort the training
prematurely using
# Ctrl + C.
agent.fit(env, nb_steps=50000, visualize=True, verbose=1,
          nb_max_episode_steps=200)

# After training is done, we save the final weights.
agent.save_weights('ddpg_{}_weights.h5f'.format(ENV_NAME), overwrite=True)

# Finally, evaluate our algorithm for 5 episodes.
agent.test(env, nb_episodes=5, visualize=True, nb_max_episode_steps=200)
```

　実際に実行すると、学習が実行されるとともに Pendulum の画面が立ち上がる
と思います。筆者の環境だと、Interval が 2 の中盤になるころぐらいから、バー
が立たせられるようになってきました。このコードではランダムシードが固定さ
れているため、読者の環境でも同様に動作すると思います。強化学習のアルゴリ
ズム、特に深層学習を用いる手法は実行のたびに結果が変わることもよくあるた
め、再現性を担保する必要がある場合はこのような固定をしておくのが得策です。

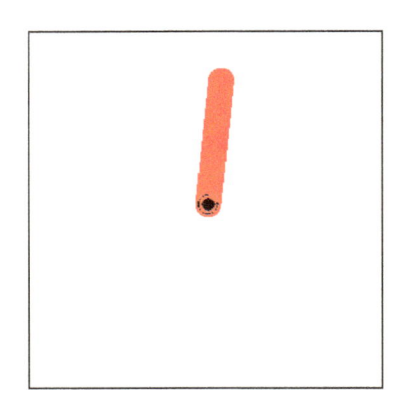

図 4-37　学習した DDPG による、Pendulum の操作

　コード自体は非常にシンプルですが、指定されているパラメーターはとても丁寧にチューニングされています。この点については、同じ examples のフォルダに格納されている ddpg_mujoco.py とその設定値を比較してみるとわかります。試しにパラメーターを変えて実行してみると、その重要性がわかるかと思います。

　本節では、戦略を関数で実装する方法について学びました。戦略の場合、出力値は行動確率 / 行動であるため、価値関数のように直接最適化を行うことはできませんでした。そこで、行動確率を定義に含む期待値を最大化する方式をとりました。これを勾配法で行う手法が Policy Gradient でした。Policy Gradient について実装を確認し、その後 Actor Critic の枠組みで Advantage をもとに学習する A2C についても学び、実装を行いました。そして最適化プロセスをより安定させるための試みとして、TRPO/PPO を紹介しました、最後に、Policy ベースのメリットでもある連続値コントロールを行うタスクについて、keras-rl の DDPG のコードを用いることで動作を確認しました。

　続く本章最後の節では、これまで見てきた Value ベースと Policy ベースの手法のメリット・デメリットについて解説していきます。

4.6 価値評価か、戦略か

本章では「価値評価」と「戦略」双方を関数で実装する方法を見てきました。ま
た、関数としてニューラルネットワークを使用する方法についても学びました。こ
れにより、価値評価、戦略、双方について現在活用されている手法までをキャッ
チアップしました。解説を行った手法を含め、主要な手法の相関図は図 4-38 の
ようになっています。

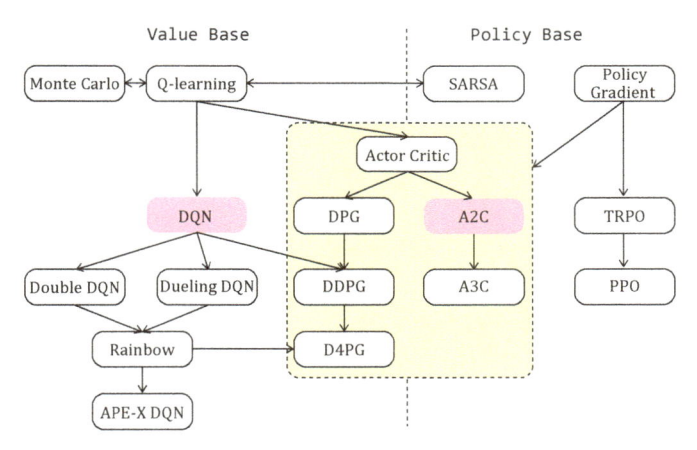

図 4-38 　DNN を利用した強化学習における主要な手法の相関図

Policy ベースのメリットとして、前節でも述べた通りハンドル操作やロボット
アームの操作といった連続値のコントロールにも使えるという点があります。こ
の特性により、Value ベースでは対応できないタスクについても対応が可能です。
また、行動を確率的に選択するという特性により、Value ベースのデメリットを
回避することができます。このデメリットとは、価値が同等の行動があった場合
どちらかに行動が偏ってしまうというものです。右に行っても左に行ってもよい、
という場合は半分半分の確率で選択するのが好ましいですが、Value ベースの場
合は「価値が最大」の行動を常に選択するため、ちょっとでも価値が大きいほうに
行動が偏ります。Policy ベースの場合は、左右を同等の確率で選択することが可
能です。

　これまでの話では価値評価に何のメリットもないように思えますが、Policy ベースの手法は学習が難しいというデメリットがあります。過学習しやすいために多くの場合更新幅を小さくする（＝慎重に学習する）必要があり、理論上は Policy ベースのほうが収束が速いにもかかわらず、逆に学習に時間がかかってしまうこともあります。また、獲得報酬の振れ幅も大きいです。この点については、"Deep Q Network vs Policy Gradients - An Experiment on VizDoom with Keras" でも示されています（DDQN は、Double DQN の略称です）。

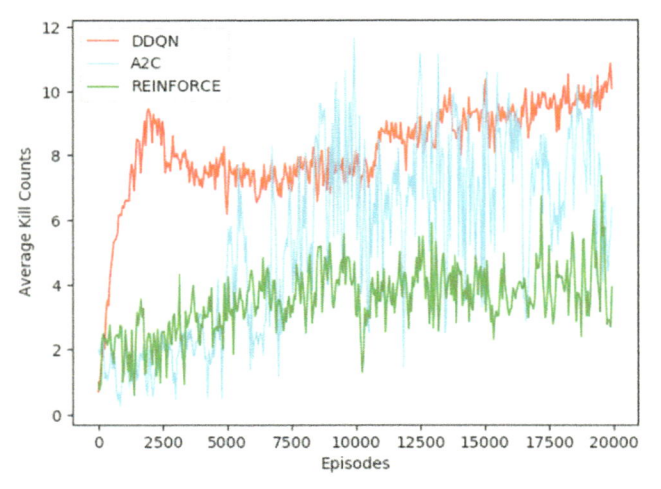

図 4-39　Value ベースと Policy ベースの学習結果の比較
［Deep Q Network vs Policy Gradients - An Experiment on VizDoom with Keras より引用］

　戦略の更新を安定化させる手法として、TRPO や PPO といった手法を紹介しました。しかし、これらの手法を使ってもアルゴリズムが狙っている更新の安定化はまったく得られていないという報告もあります（"Are Deep Policy Gradient Algorithms Truly Policy Gradient Algorithms?"、また "Understanding the impact of entropy in policy learning"）。Policy Gradient につらなる深層学習系の手法は、ベンチマークタスクにおいて報酬を獲得できることはわかっていますが、実際妥当な学習をしているのかについては正直よくわかっていないのが現状です。

　DNN を利用することで、強化学習は直接的な入力（画面など）から高いレベル

の行動を獲得できるようになりました。しかし、その一方で学習に長い時間がかかる、また結果が不安定になるといった弊害も生まれています。ゲームでハイスコアを競うだけなら調子が悪いときがあってもかまいませんが、現実世界において、例えば車を運転する場合に「調子が悪い」ときがあっては一大事です。

　次章では、こうした「強化学習の弱点」についてふれていきたいと思います。

Day 5

強化学習の弱点

　本章では、Day4 で学んだ DNN による革新的な進化の「負の側面」について解説します。この負の側面は、実際にサービスやアプリケーションで強化学習を使用する場合はもちろん、研究においても現在見過ごせない課題として認識されています。強化学習を使い「ゲームが攻略できた、すごい」で終わりにせず、実用を目指すなら本章の内容は避けて通れないものになっています。

　本章では、特にニューラルネットワークを利用した強化学習（深層強化学習）の弱点として、以下 3 点を中心に解説していきます。

- サンプル効率が悪い
- 局所最適な行動に陥る、過学習することが多い
- 再現性が低い

　これらの弱点の解決策については、本章で対処療法的な解決方法、Day6 で根本的な解決方法を紹介します。対処療法的な解決方法とは、こうした弱点があることを前提としたうえで、影響を軽減するためのアプローチになります。根本的な解決方法とは、弱点そのものの解消を目指したアプローチになります。

　では、始めていきましょう！

5.1　サンプル効率が悪い

　深層強化学習では、学習に多くのサンプルが必要という弱点があります。Day4
でDNNを利用した実装を紹介しましたが、ボールをとるという単純なゲームの
攻略に驚くほど時間がかかっていたと思います。先進的な手法として紹介した
Rainbowでも、この傾向は変わりません。それを示したものが図5-1です。

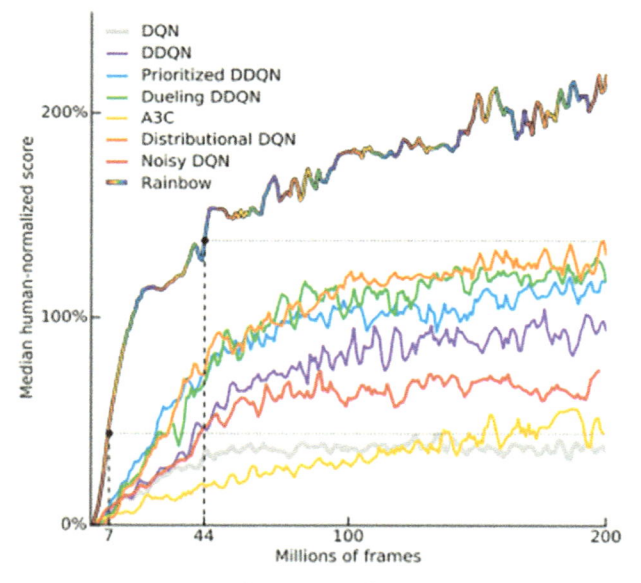

図 5-1　学習フレーム数と、スコアの関係
［Rainbow: Combining Improvements in Deep Reinforcement Learning, Figure1 より引用］

　横軸は学習した画面フレーム数、縦軸は人間のスコアに対する比率を表してい
ます。縦軸の100%が人間のスコアと同等であることを意味しますが、Rainbow
であっても到達に約18 Million、1800万もの画面フレームを必要とすることがわ
かります。フレームレートが30 fps（1秒30フレーム）の場合、約166時間、60
fpsでも80時間以上の学習時間がかかる計算になります。人間なら、その時間で
かなりのスコアが出せるようになるはずです。

　Rainbow は先進的な手法ですが、それでも数十〜数百時間分のプレイが必要ということです。Rainbow 以外の手法は 100％の到達に相当の時間を要しています。また、行動が連続値である場合はさらに難しくなります。連続値とは、ハンドルやロボットアームの角度などです。連続値を扱うタスクを、<u>連続値コントロール</u>（<u>Continuous Control</u>）などと呼びます。図 5-2 は、連続値コントロールのタスクを集めた dm_control という環境における、ステップ数と報酬（全環境における平均報酬）をプロットした図です（値は D4PG のみ）。

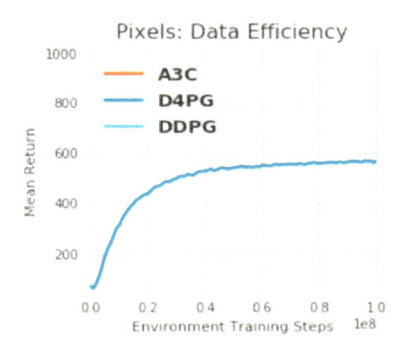

図 5-2　連続値コントロールにおける、報酬と学習ステップ数の関係
［DeepMind Control Suite, Figure3 より引用］

　横軸の単位は「1e8」、1 億ステップであり、報酬が安定するまでに大体 0.4、4000 万ステップが必要ということがわかります。この実験で使用されている D4PG もまた Day4 で紹介した通り先進的な手法です。

　このように、深層強化学習は学習に大量のサンプルを必要とする傾向があります。これにより時間がかかるのはもちろんですが、「大量のサンプルを用意する」必要も発生します。端的には OpenAI Gym のような何度もプレイ可能なシミュレーターを用意する必要があり、シミュレーターなしに深層強化学習の適用は難しいのが現状です。

　サンプル効率が悪い点は、ロボットなど物理世界のエージェントに深層強化学習を適用することを難しくしています。なぜなら、物理世界で数千万回ものプレイを

させることは困難なためです。実際、ロボットの開発で有名な Boston Dynamics では制御に従来使われている手法を用いています（詳細は "Optimization-based locomotion planning, estimation, and control design for Atlas," を参照してください）。

DNN を利用した強化学習は、入力が画像であればどんな問題にでも対応できるという大きなメリットがあります。実際、どんなゲームでも出力する行動の数を調整するだけで同じネットワークで解くことができます。この点は DNN の大きなメリットです。

ただ個々の問題、制御についてはそれに最適化された従来手法が存在しており、深層強化学習より速く、しかも安定的に学習します。深層強化学習は汎用的であるがゆえに特化していないともいえ、その意味では器用貧乏のような状態に陥りがちであるといえます。

5.2　局所最適な行動に陥る、過学習をすることが多い

膨大なサンプルを学習したとしても、エージェントが最適な行動を獲得するとは限らない、というのが次の問題点です。そもそも強化学習は教師なしの学習であるため、人間が意図した行動を獲得してくれる保証はありません。この点は AlphaGo のように想像を超えるよい行動を学習する可能性がある一方、好ましくない結果になる可能性も秘めています。

エージェントが陥ってしまう行動パターンは、局所最適な行動と過学習の2つに分けられます。局所最適とは、報酬は獲得できているものの最適とはいえない行動を意味します。人間でいえば、もっと頑張ればいい成績がとれるけれど、現状平均点以上がとれているのでそれで満足してしまうというイメージです。過学習とは、その環境に特化した行動を獲得してしまうことを意味します。テストでいえば、問題を理解するのでなく問題の答えを覚えてしまうような形に近いです。

局所最適の例を見てみましょう。Day4 で A2C を実装した際、エージェントが画面の端に常によるという行動が見られるときがあります。これは明らかに適切

な行動ではありませんが、画面の端に落ちてきたボールは間違いなくキャッチすることができます。仮に全体としてボールが端に来ることが多ければ、これは最適ではないですが得られる報酬が少しは高くなる行動ということになります。こうした挙動が、局所最適な行動になります。

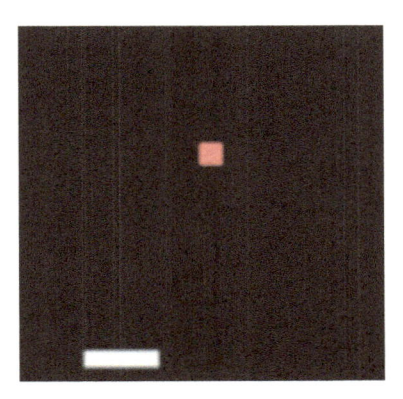

図 5-3　ボールがどこに落ちてきても、端によってしまう例

　いったん局所最適に陥ると、抜け出すのは難しくなります。局所最適な行動から抜け出すためには、「今の行動パターンは最適でない」と確認できるサンプルが必要になります。しかし Day4 でニューラルネットワークを適用した強化学習を実装した際は、探索を行う確率（ε）は徐々に下げていました。つまり学習が進むにつれて新しいサンプルに出会う確率は減ってしまうわけで、いったんある程度報酬が獲得できる局所最適な行動を獲得してしまうと、そこから抜け出すのは難しくなります。

　過学習の例も見てみましょう。図 5-4 は、赤と青のエージェントが互いにレーザーを打ち合って勝負するというゲームです。ここで、赤・青のエージェントがともに適切な行動を学習した後に、別の環境のエージェントと入れ替えたらどうなるでしょうか。具体的には、環境 A で学習していた青のエージェントを、環境 B で学習していた別の青のエージェントと入れ替えた場合、環境 A における赤のエージェントの行動はどうなるか、ということです。

図 5-4　レーザーを打ち合うゲームの学習
［A Unified Game-Theoretic Approach to Multiagent Reinforcement Learning より引用］

　赤のエージェントが適切に学習していれば、相手の青が入れ替わっても適切に行動できるはずです。ところが、実際はほぼ止まったまま動きません（論文中のAppendix B にある Diagonal/Off-Diagonal のケースを見比べることで確認できます）。つまり、赤のエージェントは同じ環境の相手プレイヤー（青）の動きに「だけ」合わせた行動を学習していたということです。これはテストの問題を覚えているのと同じで、過学習している状態になります。

　報酬をうまく設計することで、局所最適な行動、過学習を抑制する試みも行われています。ただ、強化学習における報酬設計はデリケートな問題です。図 5-5はボートレースゲームでの実例です。このゲームでは「速くゴールに到達する」「（アイテムをとるなどして）できるだけスコアを高くする」という 2 つの目的があります。ゴールへ到達するという報酬でなく、「なるべく高いスコアで」という報酬を設定したところエージェントは予想外の行動をとりました。

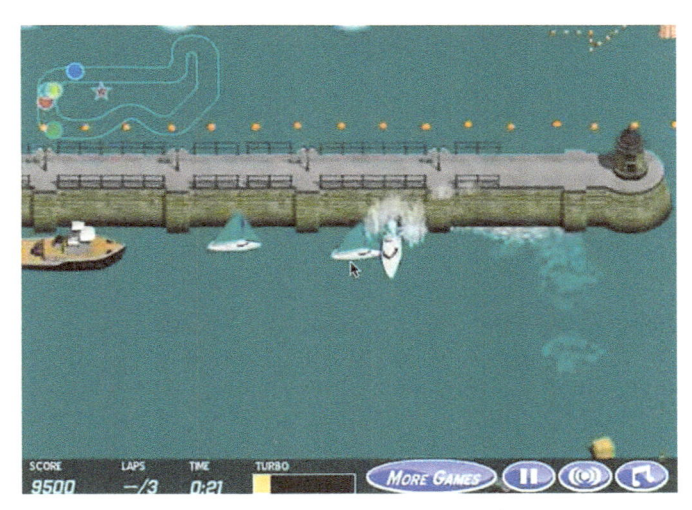

図 5-5　想定外の行動を学習した例
［Faulty Reward Functions in the Wild より引用］

エージェントはコースを逆走し、警告が出ようが他のボートにぶつかろうが、スコアを高めるためアイテムをとり続けるようになりました。結果として得られるスコアは人間が出すものより 20%ほど高くなるのですが、これはとても意図したプレイとはいえません。これは、報酬の設定がいかに難しいかを物語る事例となっています。他にも適切な行動を誘導するような報酬設定が提案されていますが、有効か否かは環境に依存するところが大きいのが現状です。

このように、強化学習では獲得された行動が予期していたものとは（悪い意味で）異なってしまうことがあります。

5.3　再現性が低い

強化学習、特に深層強化学習における大きな問題点として再現性が低いという点が挙げられます。図 5-6 は、同じアルゴリズム（TRPO）を同じパラメーターで学習させた場合の獲得報酬の差になっています。横軸が学習したタイムステップ、縦軸が獲得報酬の平均になります。

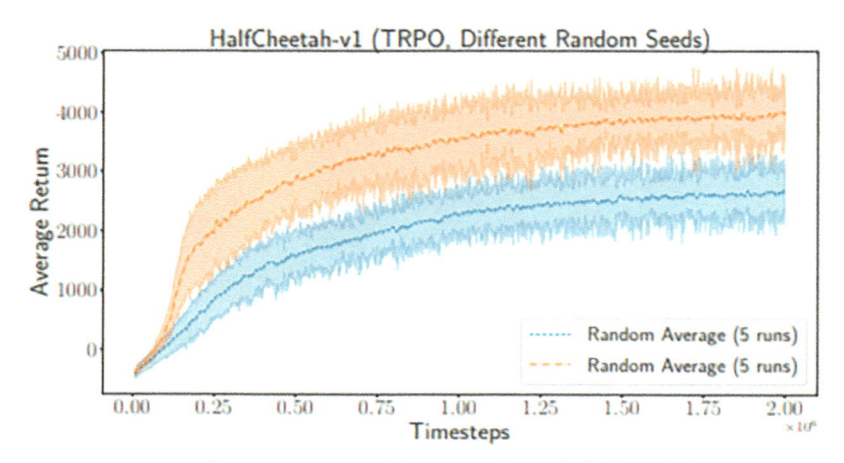

図 5-6　同じアルゴリズムにおける、獲得報酬の差異
［Deep Reinforcement Learning that Matters, Figure5 より引用］

　同じ手法にもかかわらず、有意差が出るレベルで獲得報酬が異なっています。しかも、これは Day4 で解説した通り学習を安定化する試みを取り入れた TRPO での観測結果になります。

　また、同じアルゴリズムでも実装の方法により差が出ることがあります。これは、論文では明確に述べられていないパラメーターや実装に使っているフレームワークのデフォルト値などが影響するためです。例えば、正規分布によるパラメーターの初期化はよく利用されますが（Keras では `kernel_initializer="normal"`）、フレームワークによって初期値が異なります。正規分布の標準偏差について、執筆時点では Keras/Chainer は初期値が 0.05 ですが、TensorFlow/PyTorch では 1.0 です。Day4 で Deep Q-Network を実装しましたが、0.05 では学習に成功し、1.0 ではまったく学習しませんでした（余裕があれば、試してみてください）。これは強化学習に限らず深層学習ではよくある話ですが、こうしたパラメーターに対する敏感な変化は再現性を担保することを難しくしています。

　論文で報告される獲得報酬は当然のことながら最良のものによりがちなため、実際に実装してみたらそれほど報酬を獲得できない、ということは往々にしてあります。複数結果の平均をとるべきですが、「サンプル効率が悪い」の節でも述べ

た通り一度の学習に多くの時間がかかるため、結果の確認に多くの時間がかかります。実行結果が 20 は必要という報告もあり、強化学習アルゴリズムの性能を検証することが難しくなっています（詳細は "How Many Random Seeds? Statistical Power Analysis in Deep Rein forcement Learning Experiments" を参照してください）。

5.4 弱点を前提とした対応策

では、このような弱点に対してどのように対応していけばよいでしょうか。弱点そのものを克服するためのアプローチは Day6 で詳しく触れることとし、本節では弱点があることを前提とした対応策について解説します。

その対応策は、以下の 3 点です。

- **テスト可能なモジュールに切り分ける**
- **可能な限りログをとる**
- **学習を自動化する**

前提として、「再現性が低い」ため動作確認には複数の学習結果がどうしても必要になります。しかし「サンプル効率が悪い」という問題があるため、そう何度も学習を繰り返していては膨大な時間がかかります。そのため、「1 回の学習結果をどれだけ無駄にしないか」が重要なポイントになります。

1 点目の対策は、テスト可能なモジュールへの切り分けです。これにより、長時間の実験をした後に「バグがあった」という論外な事態を防止します。モジュールの切り分けについては、Day4 の時点ですでに実践しています。ここでは、Day4 のモジュール設計を行った意図について詳しく解説します。まず、Day4 のモジュール構成を思い出してみましょう。

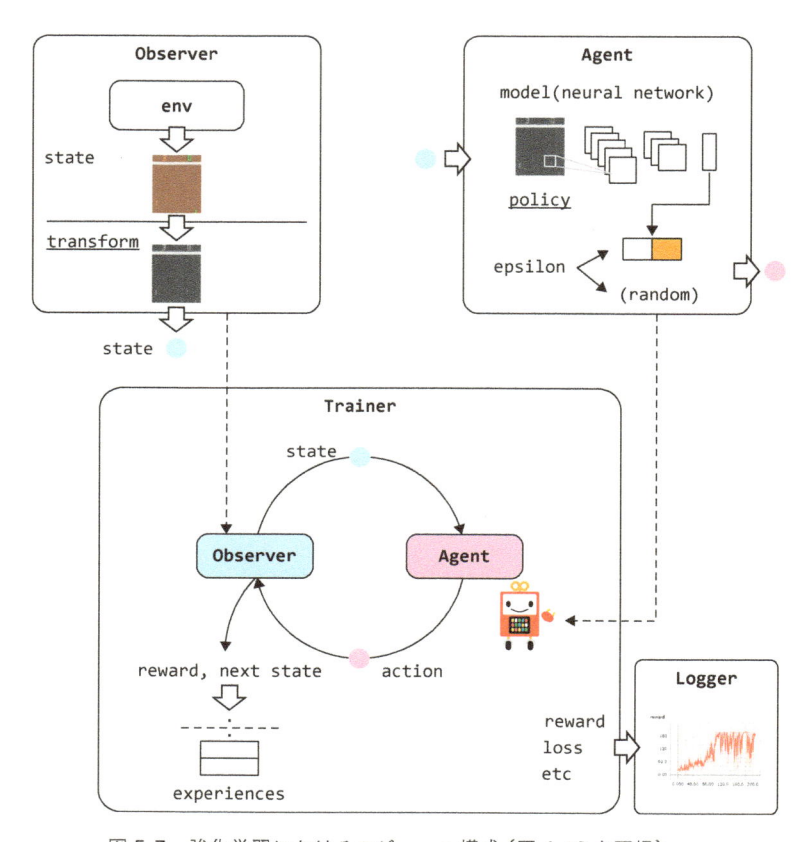

図 5-7　強化学習におけるモジュール構成（図 4-12 を再掲）

　主要なモジュールは、Observer、Trainer、Agent、Logger になります。Logger の役割はログを記録することですが、Observer を独立させることで環境からの状態取得、Trainer を独立させることで学習方法を切り分けてテストできるようにしています。

　環境を扱う Observer を独立させ、テストすることの重要性については 1 つ実例があります。それは環境から取得した状態に対する前処理にミスがあり、学習がうまくいかなかったというものです。具体的には、図 5-8 のように画面をグレースケールにした際、敵キャラクターのアイコンがきえてしまい学習ができないと

いう事態が発生しました。

Original View　　　　　　　Algorithm View　　　　　　　Corrected View

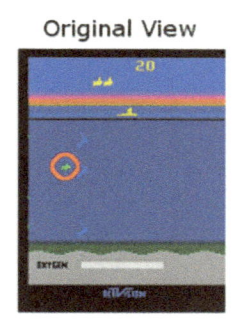 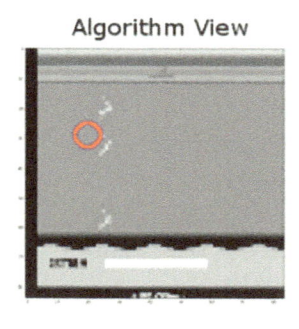 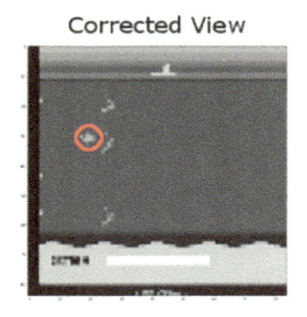

図 5-8　画像の変換処理によるサメの消失
［OpenAI Baselines：DQN より引用］

これは素人の失敗エピソードではなく、人工知能の先進的な研究機関である
OpenAI でのエピソードです。この失敗を糧として、OpenAI Gym には play とい
う関数が実装されました。この play 関数は実際の環境を確認・操作できる機能で、
Observer のように環境をラップしたオブジェクトも渡すことができます。つま
り、Observer で前処理をした画面を実際に目で見て確認することができるという
ことです。Day4 の実装においては、Logger の `write_image` を使うことでエージェ
ントの見ている画面を書き出し、確認できるようにしています。

Trainer を独立させることで、異なるエージェントを同じ学習方法で学習させ
ることが可能になります。Day4 ではこれを利用し、本体のエージェントとは別
にネットワーク構成が単純なテスト用エージェントを作成し、事前に学習方法に
問題がないかチェックを行いました。もちろん、ネットワーク構成が異なれば学
習のパラメーターも変わるため、完全なテストはできません。しかし、学習ス
テップに応じて調整するパラメーター（学習率、探索確率（ε）、また Fixed Target
Q-Network の更新タイミングなど）については、テスト用エージェントで確認す
ることができます。

事前のテストだけでなく、実験中「可能な限りログをとる」ことも重要です。一

度の実験から、なるべく多くの知見を得るためです。Logger はその役割を担います。例えば、以下のような値を記録しておきます。

- **報酬の平均・最大・最小**
- **エピソードの長さ**
- **目的関数の値、ネットワークの出力値**
- **戦略から出力される行動分布のエントロピー**

　報酬は平均以外に最大・最小を記録しておきます。特に最大をとることで、報酬が獲得できる行動をとることがあるのか、そうでないかがわかります。エピソードの長さは環境にもよりますがエージェントの行動が改善されるにつれ長くなる傾向があり（生存期間が長くなるイメージです）、これも学習がうまく進んでいるかのヒントになります。そして、Policy Gradient を使用している場合は行動分布のエントロピーを確認することで過学習の傾向をつかむことができます。

　最後に、学習の実行を自動化しておきます。具体的には、学習の実行をスクリプト化しておきます。この際、学習時に指定するパラメーターも含めてスクリプト化しておくことを推奨します。というのも、コマンドラインから指定する場合、値を間違えた、どういう値を設定したか忘れた、という事態が往々にして発生するためです。また、ファイル内にパラメーターを記入することでバージョン管理ソフト（Git など）で変更履歴を確認できます。なお、学習の実行は夜間に行うことを推奨します。日中行うと学習の進捗が気になって、集中力が散漫になることがよくあるためです。

　実行した学習結果は、保存しておくことも重要です。「あれ、あのパラメーターの結果はどうだったかな？」となることが往々にしてあるためです。簡単な管理方法としては、GitHub の Commit log（パラメーターを変更した Commit）に実験結果を張り付けるという手段があります（図 5-9）。

図 5-9　GitHub の Commit log に実験結果を添付する例

　もちろん、これで完全とはいえません。最近は機械学習モデルの実行結果を管理するサービスも登場してきているため、それらを利用するのもよいと思います。Comet.ml や Azure Machine Learning service などがこうしたサービスを提供しています。また、今後も増えてくると思います。

　可能な限り事前にテストをしたうえで実験を行い、可能な限り取得したログから最善の対策を検討・実装したうえで再度テスト・実験を行う、というプロセスを繰り返します。なお、比較対象として使用するアルゴリズムは可能な限り自分で実装しないようにします。OpenAI baselines では、主要なアルゴリズムについてテスト済みの実装を公開しているため、こうした実装をなるべく使用します。また、各フレームワークには大体アルゴリズムをまとめたリポジトリが存在しています。TensorFlow なら tensorforce、Keras なら keras-rl、Chainer なら ChainerRL などです。特に、ChainerRL は Chainer 公式の実装になります。2018 年 8 月には、Google から dopamine という強化学習の構築・実験用フレームワークも公開

されました。特に Policy Gradient 系のアルゴリズムは、まずはこうした動作確認された実装を利用することを推奨します（Day4 でも、DDPG を動かす際に keras-rl を使用しました）。

　以上の対策をとることで、深層強化学習の開発を行う際の生産性を高めることができます。ただ、これはあくまで対処療法であり、弱点そのものは残ったままです。Day6 では、弱点自体を克服するためのアプローチについて解説します。

Day 6

強化学習の弱点を
克服するための手法

　Day6 では Day5 で解説した 3 つの弱点を克服する手法について解説します。3つの弱点とは、「サンプル効率が悪い」「局所最適な行動に陥る、過学習することが多い」「再現性が低い」でした。

　特に「サンプル効率が悪い」は主要な課題であり、さまざまな対応策が提案されています。その中にはまだ研究段階のものが多く含まれますが、本章では筆者が観測する範囲で複数の研究により効果が実証されている「環境認識の改善」の手法について中心的に取り上げます。

　本章を読むことで、以下の点が理解できます

- サンプル効率を改善する手法の類型。そのうちの 1 つである「環境認識の改善」を行う手法の理論と実装
- 再現性の低さを改善する試みの 1 つである、進化戦略の理論と実装
- 局所最適な行動 / 過学習を矯正する手法の 1 つである模倣学習・逆強化学習の理論と実装

　では、順に見ていきましょう。

6.1　サンプル効率の悪さへの対応：モデルベースとの併用 / 表現学習

先に述べた通り、サンプル効率の悪さについてはさまざまな対応法が提案されています。そのため、それらの手法をいったん整理し、その後に本節で中心的に扱う「環境認識の改善」について解説していきます。

6.1.1　サンプル効率を改善する手法の整理

サンプル効率を改善する手法をまとめたものが、表 6-1 となります。

表 6-1　サンプル効率を改善する手法の分類

観点 1	観点 2	代表的な手法
モデル	学習能力	モデル：Double DQN/Dueling Network など 学習方法：Prioritized Replay など
	転移能力	転移能力：メタラーニング 再利用：転移学習
データ	環境認識の改善	モデルベースとの併用 表現学習
	探索行動の改善	内発的報酬 / 内発的動機づけ Noisy Nets など
	外部からの教示	カリキュラムラーニング 模倣学習

手法を整理する観点として、まず「モデル」が原因か「データ」が原因かという観点があります。強化学習も機械学習の手法の 1 つであり、機械学習においては「モデル」と「データ」が大きな構成要素であるからです。具体的には、モデル側の学習効率が悪いのか、与えるデータ側に問題があるのか、といった観点になります。

モデルの学習効率には、「学習能力」と「転移能力」という 2 つの観点があります。「学習能力」は、与えられたデータから効率的に学習する能力のことです。モデルの工夫以外に、Experience Replay のような学習データのサンプリング方法、最適化方法など、さまざまな工夫があります。いくつかの手法については、Rainbow

を解説した際に紹介しました。「転移能力」は、学習済みの内容を活かして短時間で学習する能力のことです。自分自身の転移能力を高める以外に、別途学習したモデルを再利用する場合もあります。これは画像認識の分野でよく用いられる手法です。

　データについては、環境側とエージェント側という 2 つの立場から考えられます。強化学習はエージェントが自らデータを取得するという設定であるため、データの発生源である環境だけでなく、エージェント側の行動もデータに影響を与えるからです。これら 2 つの立場に、外部からデータを与える「学習させる側」という第三者の立場が加わります。関係を図にしたものが図 6-1 となります。

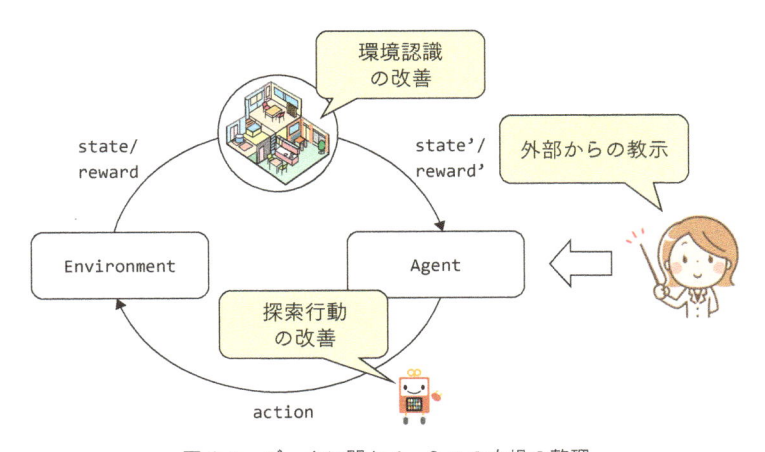

図 6-1　データに関わる、3 つの立場の整理

　「環境認識の改善」は、環境から得られる情報をエージェントが学習しやすくする試みです。環境自体は与えられるものなので直接操作することはできませんが、環境から得た状態・報酬については学習しやすく加工をする余地があります。本節では、この手法を中心的に扱います。

　「探索行動の改善」は、エージェントがなるべく学習が進むサンプルを獲得できるようにする試みです。Rainbow の解説で取り上げた Noisy Nets（探索確率である Epsilon の値を学習するようにする）はこのアプローチに該当します。加えて、

エージェントが未知の状態へ積極的に遷移するよう動機づける内発的報酬 / 内発的動機づけ（Intrinsic Reward/Intrinsic Motivation）という手法があります。

「外部からの教示」は、エージェントに学習を任せるのでなく外から教えてしまおうという考えです。これには、学習プロセスを誘導するカリキュラムラーニングと呼ばれる手法と、学習サンプル（お手本）を与える模倣学習という手法があります。カリキュラムラーニングは、基本的に簡単なタスクから徐々に難しいタスクにしていくという手法です。模倣学習はお手本を参考にさせる手法ですが、詳細は「局所最適な行動 / 過学習への対応」にて解説します。

本節では、「環境認識の改善」について中心的に扱います。これは、筆者が観測する限り比較的安定的に強化学習のパフォーマンスを改善できる手法であるからです。模倣学習も有効な手法ですが、模倣学習については「局所最適な行動 / 学習への対応」にて解説します。

では、「環境認識の改善」について詳しく見ていきましょう。「環境認識の改善」とは、具体的にはエージェントが環境から情報をとりやすくする試みです。これまで何度か利用した CartPole の環境を例として、「環境からうまく情報をとる」ことの重要性を考えてみましょう。

CartPole の環境では、カートの位置や加速度が状態として提供されていました。これを利用することで、比較的短い時間で問題を解くことができました。一方、深層強化学習が扱う状態は主に生の「画面」です。この場合、モデルは画面そのものからカートの位置や加速度といった情報を認識してはじめて、カートの動かし方を学習できるようになります。

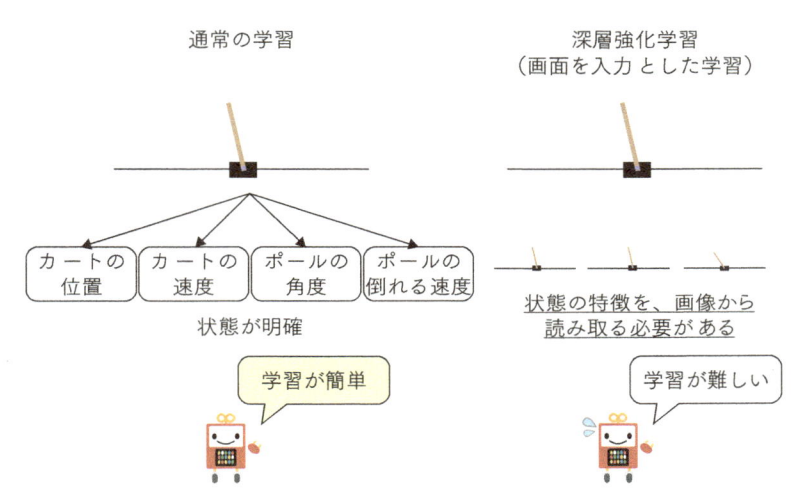

図 6-2　深層強化学習（画面を入力とした学習）の難しさ

　つまり、深層強化学習のモデルは「状態（画面）からの特徴認識」と「行動の仕方」の 2 つを同時に学習しようとしていることになります。これが原因で学習に多くのサンプルが必要になっていると考えることができます。

　これは、明るい部屋と暗い部屋とで、どちらが行動しやすいかを考えてみればすぐにわかります。明るい部屋ではどこに何があるのかわかるため、指示された行動を行うことは簡単です。反面、暗い部屋では手探りで物の位置を探す必要があるため、指示された行動を行うにはその分余計に時間がかかります。つまり、状態の認識が容易な環境とそうでない環境とでは、行動を学習するスピードに大きな差があるということです。

　環境の情報をうまくとれるようにする手法としては、以下 2 つがあります。

- モデルベース：環境そのもの（遷移関数／報酬関数）をモデル化する。
- 表現学習：状態や状態遷移の特徴をとらえたベクトル（表現）を新たな「状態」として作成する。

　モデルベースは、実環境に対するシミュレーターを作成するイメージです。シミュレーターがあれば実際の環境を使わなくても学習でき、また想定外のケース（機器の故障や天候の急変など）による影響を下げることができます。この点は、Day2 でも解説を行いました。

　モデルベース単独では、複雑な環境での学習が難しい面があります。しかし、モデルフリーを主軸としてモデルベースを併用することで、シミュレーターを構築しつつ、そのシミュレーターによりモデルの学習をアシストするといったことが可能です。本章では、この手法として古典的な Dyna（参考文献 ［Day6-1］）を紹介します。

　表現学習は、「状態」をより把握しやすくする表現を作成します。CartPole であれば、生の画面からカートの位置や加速度といった情報を抽出するといった形です。表現学習は特徴の抽出さえできればよいので、モデルベースで行おうとしている遷移関数 / 報酬関数双方の獲得よりも難易度は低くなります。本節では表現学習の例として、2018 年に発表された World Models（参考文献 ［Day6-7］）を紹介します。

6.1.2　モデルベースとの併用

　モデルベースは Day2 で見た通り環境の情報をもとに計画を立てる手法です。モデルベースにおける「モデル」は遷移関数と報酬関数であり、これをもとに計画を立てます。計画に従い行動した結果でモデル（遷移関数・報酬関数）を再度学習し、また計画する、というサイクルを繰り返します（図 6-3）。

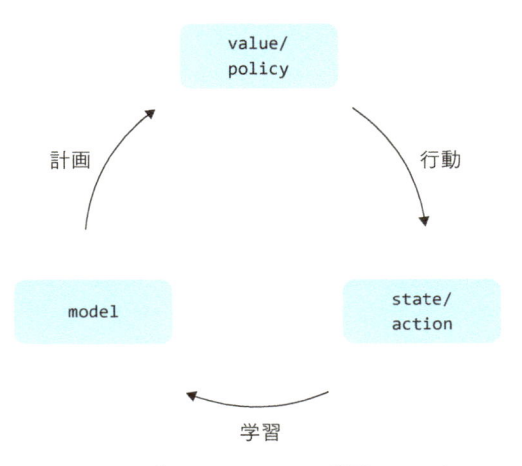

図 6-3 モデルベースにおける学習のサイクル

　モデルベースのメリットは、学習の効率がよい点です。遷移関数・報酬関数の学習に必要なデータは実環境から直接獲得できるため、モデルの学習に教師あり学習の仕組みを適用することができます。構築したモデルは実際の環境をうまく抽象化したシミュレーターのような位置づけとなり、現実でもシミュレーターがさまざまな機器（電車や飛行機など）の学習に使用されているように、効率的な学習を可能にします。

　モデルベースのデメリットは、最終的な目的である「行動の学習」が、「モデルの学習」に依存する点です。シミュレーターがうまく構築できなければ、当然それを使った学習もうまくいかないということです。イメージ的には二人羽織のような形で、相方が優秀ならよいものの、そうでない場合 1 人でやるほうが楽になるという事態が発生しえます。

　では、実際にモデルを構築する手法を見てみましょう。「モデル」の実体は前述の通り遷移関数と報酬関数です。遷移関数は状態遷移の確率分布、報酬関数は状態から報酬の回帰式とみることができます。この 2 つを推定することがモデルの学習のゴールとなります。

モデル構築の最も単純な手法は、数え上げです。状態遷移・報酬の履歴を記録しておいて、その平均で遷移関数・報酬関数を推定します。この手法は内部に数を記録するテーブルを持つため、Table Lookup とも呼ばれます。図 6-4 は、状態 s1 からの状態遷移・報酬を記録して遷移関数・報酬関数を推定した例になります。

(s1からの)状態遷移回数:T

	s1	s2	s3
T	3	2	5

(s1から遷移した際の)報酬の合計:R

	s1	s2	s3
R	0	2	8

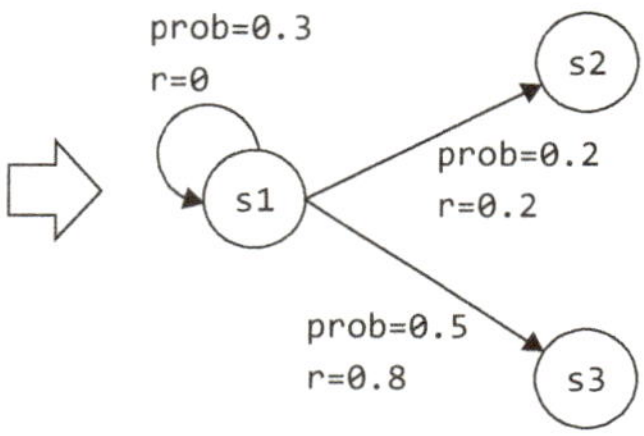

図 6-4　Table Lookup の例

遷移関数・報酬関数を実装するためにどのような手法を使用するかは多くの選択肢があります。Gaussian Process (ガウス過程) や、もちろんニューラルネットワークも多く使用されています。

さて、モデルができたらそのモデルを使い学習を行います。モデルの利用方法には、サンプルベースとシミュレーションベースの 2 種類があります。サンプルベースは単純に構築したモデルを使って学習を行う手法です。シミュレーションベースは、行動選択をする際にモデルを使用し何手か「先読み」することで行動選択の精度を高める手法です。

サンプルベースは、構築したモデルを実環境の代わりに、あるいは学習の補助として使用する手法です。サンプルベースの単純な手法として、モデルの学習が終了した後にそのモデルを利用してモデルフリーの学習を行うという Sample-Based Planning Model があります。これに対し、モデルの学習とそのうえでのモデルフリーの学習を並行して行う手法があります。後者の手法の 1 つが、本章で実装を紹介する Dyna と呼ばれる手法になります。

　Dyna では、モデルフリーの学習を行うかたわらエージェントの経験（状態・行動・報酬）をもとにモデルの学習を行います。学習させたモデルを使用し、追加でモデルフリーの学習を行います。これにより、実環境上では少ないステップで、多くの学習を行うことが可能になります（結果として、サンプル効率が向上します）。

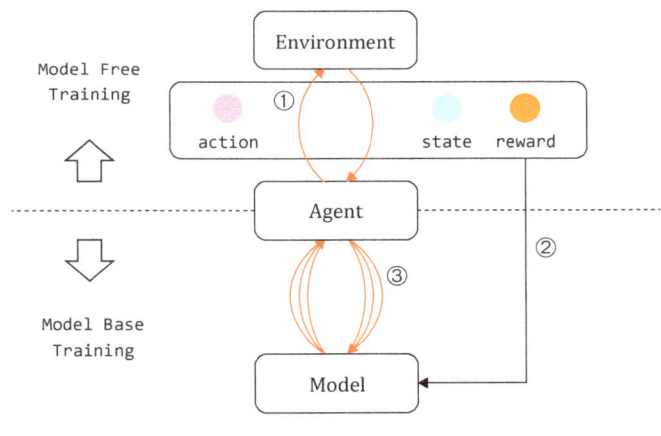

図 6-5　Dyna における学習

　図 6-5 では、実環境（Environment）で 1 回学習を行った後（①）、行動結果でモデルを学習させ（②）、学習させたモデル上でさらに 3 回の学習を行ってます（③）。実際に、実装してみましょう。ここで紹介するサンプルコードは以下のファイルです。

MM/dyna.py

　まず、エージェントの定義を行います。

code6-1

```python
import argparse
import numpy as np
from collections import defaultdict, Counter
import gym
from gym.envs.registration import register
register(id="FrozenLakeEasy-v0", entry_point="gym.envs.toy_text:FrozenLakeEnv",
        kwargs={"is_slippery": False})


class DynaAgent():

    def __init__(self, epsilon=0.1):
        self.epsilon = epsilon
        self.actions = []
        self.value = None

    def policy(self, state):
        if np.random.random() < self.epsilon:
            return np.random.randint(len(self.actions))
        else:
            if sum(self.value[state]) == 0:
                return np.random.randint(len(self.actions))
            else:
                return np.argmax(self.value[state])

    def learn(self, env, episode_count=3000, gamma=0.9, learning_rate=0.1,
              steps_in_model=-1, report_interval=100):
        self.actions = list(range(env.action_space.n))
        self.value = defaultdict(lambda: [0] * len(self.actions))
        model = Model(self.actions)

        rewards = []
        for e in range(episode_count):
            s = env.reset()
            done = False
            goal_reward = 0
            while not done:
                a = self.policy(s)
                n_state, reward, done, info = env.step(a)

                # Update from experiments in real environment.
                gain = reward + gamma * max(self.value[n_state])
                estimated = self.value[s][a]
                self.value[s][a] += learning_rate * (gain - estimated)
```

```python
            if steps_in_model > 0:
                model.update(s, a, reward, n_state)
                for s, a, r, n_s in model.simulate(steps_in_model):
                    gain = r + gamma * max(self.value[n_s])
                    estimated = self.value[s][a]
                    self.value[s][a] += learning_rate * (gain - estimated)

                s = n_state
            else:
                goal_reward = reward

            rewards.append(goal_reward)
            if e != 0 and e % report_interval == 0:
                recent = np.array(rewards[-report_interval:])
                print("At episode {}, reward is {}".format(
                        e, recent.mean()))
```

policy、learn の実装は Q-learning のエージェントとほぼ同じです。注目すべき
ポイントは、steps_in_model が 0 以上のときに行われる、モデルを使った追加学習
です。

if steps_in_model > 0 の場合、実環境で得られた状態・行動・報酬・次の遷移先
の情報で model を学習させ、model.simulate(steps_in_model) により steps_in_model 分
だけモデルを使った学習を行っています。model は先ほど紹介したシンプルな Table
Lookup の実装で、実際に遷移した回数をもとに遷移確率を計算し、獲得した報
酬の平均で報酬を計算しています。以下が、その Model の実装です。

code6-2

```python
class Model():

    def __init__(self, actions):
        self.num_actions = len(actions)
        self.transit_count = defaultdict(lambda: [Counter() for a in actions])
        self.total_reward = defaultdict(lambda: [0] *
                                               self.num_actions)
        self.history = defaultdict(Counter)

    def update(self, state, action, reward, next_state):
        self.transit_count[state][action][next_state] += 1
        self.total_reward[state][action] += reward
```

```python
        self.history[state][action] += 1

    def transit(self, state, action):
        counter = self.transit_count[state][action]
        states = []
        counts = []
        for s, c in counter.most_common():
            states.append(s)
            counts.append(c)
        probs = np.array(counts) / sum(counts)
        return np.random.choice(states, p=probs)

    def reward(self, state, action):
        total_reward = self.total_reward[state][action]
        total_count = self.history[state][action]
        return total_reward / total_count

    def simulate(self, count):
        states = list(self.transit_count.keys())
        actions = lambda s: [a for a, c in self.history[s].most_common()
                             if c > 0]

        for i in range(count):
            state = np.random.choice(states)
            action = np.random.choice(actions(state))

            next_state = self.transit(state, action)
            reward = self.reward(state, action)

            yield state, action, reward, next_state
```

update で回数を更新、transit で遷移した回数をもとに遷移確率を計算し、reward でその状態／行動における報酬の平均を計算しています。

simulate では、状態遷移を指定された回数シミュレートします。遷移前の状態、そこでの行動はこれまでの記録（history）からランダムに選択されます。

最後に、プログラムを実行するための処理を実装します。

code6-3

```python
def main(steps_in_model):
    env = gym.make("FrozenLakeEasy-v0")
    agent = DynaAgent()
    agent.learn(env, steps_in_model=steps_in_model)


if __name__ == "__main__":
    parser = argparse.ArgumentParser(description="Dyna Agent")
    parser.add_argument("--modelstep", type=int, default=-1,
                        help="step count in the model")

    args = parser.parse_args()
    main(args.modelstep)
```

　--modelstep の引数を指定してすることで、モデル内でのシミュレーション回数を指定できます（何も指定しない場合、モデルは使用されません）。

　実行結果は実行のたびに異なりますが、モデルを利用したほうが学習が早いことが確認できると思います。

code6-4

```
>python ./MM/dyna.py
At episode 100, reward is 0.0
At episode 200, reward is 0.44
At episode 300, reward is 0.88
At episode 400, reward is 0.89
At episode 500, reward is 0.83
At episode 600, reward is 0.89
At episode 700, reward is 0.93
```

code6-5

```
>python ./MM/dyna.py -modelstep 4
At episode 100, reward is 0.55
At episode 200, reward is 0.92
```

Dyna の発展形として、"Neural Network Dynamics for Model-Based Deep Reinforcement Learning with Model-Free Fine-Tuning" があります。この研究ではモデルを実装するのにニューラルネットワークを使用し、単純に次の遷移だけでなく次の次の…という Multi-step の予測をさせるようにすることで、既存のモデルベースの研究を上回る精度を出しています。またモデルで学習したモデルフリーのエージェントをお手本にすることで、模倣学習を行うという興味深い手法も提示しています。Dyna とは逆に、モデルフリーで得た経験をもとにモデルベースの学習を行うという手法も提案されています（"Temporal Difference Models: Model-Free Deep RL for Model-Based Control"）。以上が、サンプルベースのモデル利用についての解説になります。

シミュレーションベースは、モデルを使い何手か先まで「先読み（シミュレート）」することにより行動選択の精度を上げる手法です。ちょうど、人間が将棋を指すときに先の手を読んでから指すのに似ています。先を読んだ結果（ゲームに勝つ・負ける、ゴールする・しない）により価値評価を更新し、その価値評価をもとに行動を選択するという形になります。

シミュレーションベースの代表的な手法はモンテカルロ木探索（Monte Carlo Tree Search, MCTS）です。囲碁や将棋の AI に使われている手法として、名前を耳にしたことがある方も多いと思います。

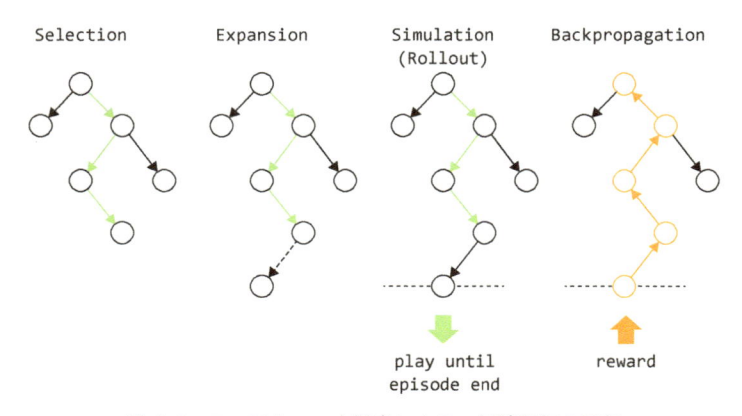

図 6-6　モンテカルロ木探索による、価値評価の更新

モンテカルロ木探索では、図 6-6 に示した 4 つのプロセスを一定回数繰り返すことで価値評価を更新し、その評価結果が最大になる行動を選択します。

1. Selection：現在の戦略に従い、把握している局面の終端までプレイする。
2. Expansion：終端への到達回数が一定以上に達した場合、そこから先の局面を展開する（一手進める）。これは到達回数が少ない局面については先読みしないことで、探索を効率化するための措置となる。
3. Simulation（Rollout）：現在の戦略とは別の基本戦略（Default Policy）でエピソード終了までプレイする（Default Policy としては、ランダムな戦略が用いられることが多い）。
4. Backpropagation：手順 3 で獲得できた即時報酬から、各状態における行動の価値（Q 値）を更新する。

エピソード終了までプレイし、実際の即時報酬をもとにして価値を更新するのはちょうどモンテカルロ法と同じです（そのため「モンテカルロ」木探索と呼ばれます）。すべての局面が展開済みとなった場合には、完全にモンテカルロ法の結果と同等になります。Day3 ではモンテカルロ法と TD 学習を比較しましたが、この文脈でモンテカルロ法の代わりに TD 学習を利用した TD Search という手法もあります。

TD Search では、モンテカルロ法と異なりエピソード終了までプレイしなくても評価が可能というメリットがあります。TD Search を提案した論文（"Temporal-Difference Search in Computer Go"）では内部に Day4 で学習した価値関数を使用しており、価値をテーブル形式で管理する際の問題を解決しています。ただ、価値関数の導入により単位時間あたりの計算量はモンテカルロ法に比べ低下します。その低下分を補えるほどの精度があるかという面では、五分五分のようです。現在はメモリ容量が大きく高速な計算機があるため、純粋に計算量が精度に比例するモンテカルロ法のほうが主流になっている印象です。モンテカルロ木探索にはさまざまなバリエーションがあり、その詳細は "A Survey of Monte Carlo Tree Search Methods" に詳しいです。

本節では、モデルベースにおけるモデルの構築方法と、モデルの利用方法とし

てサンプルベース、シミュレーションベースの2つを紹介しました。そのうちサンプルベースについては Dyna のアルゴリズムを実装することで、モデルにより効率的な学習ができることを確認しました。

6.1.3　表現学習

　表現学習（Representation Learning）はモデルベースよりもシンプルな手法です。モデルベースのように遷移関数と報酬関数を推定するところまで行わず、状態からの特徴抽出に注力します。表現学習を組み合わせることで、エージェントは戦略の学習に注力することができます（図 6-7）。

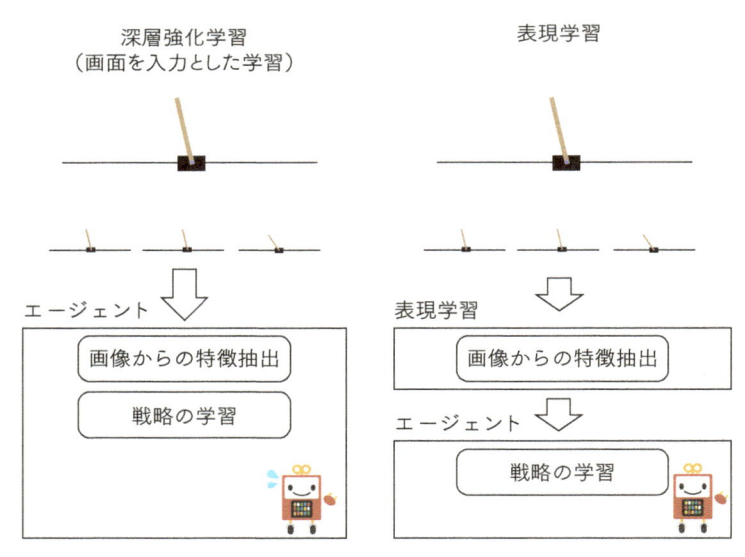

図 6-7　通常の深層強化学習モデルと、表現学習モデルの比較

　近年の研究では、表現学習を組み合わせることで戦略のモデルをとてもシンプルにできることがわかってきています。中には、戦略側のネットワークをたった6つのノードしか持たないニューラルネットワークにしても Atari のゲームを攻略できたという研究もあります（"Playing Atari with Six Neurons"）。

　今回は、その1つとして World Models（参考文献 [Day6-7]）という研究を

取り上げます。こちらの研究はウェブサイト上でデモが公開されており（<u>World Models: Can agents learn inside of their own dreams?</u>）、その仕組みをインタラクティブに体感することができます。本書では、デモサイトのデモを交えながら仕組みを解説していきます。

　World Models は、その名の通り環境を学習したモデル（World Model）を作成します。これにより戦略側（Controller）を単純な線形のネットワーク（1 層のニューラルネットワーク）で済ませることができています。また実環境なしに、学習したモデルだけで戦略を学習することにも成功しています。

　World Models は表現学習のために 2 つの技術を使用しています。1 つが画面の情報を圧縮するために使用される <u>Variational Auto Encoder（VAE）</u>、もう 1 つが画面遷移の情報を表現するための<u>再帰型</u>ニューラルネットワーク（RNN）です。強化学習では状態遷移が確率的であるため、RNN については確率的な遷移が表現できるよう工夫されています。具体的には RNN により確率分布（混合ガウス分布）のパラメーターを出力するのですが（<u>Mixture Density Networks</u>）、ここでは詳しい解説は省きます。単純に、タイムステップに応じて確率分布（＝遷移確率）が変化することを表現できるモデルを使っていると思っていただければ差し支えありません。

　World Models では、画面を表現する VAE は Vision Model、遷移を表現する RNN は Memory RNN と表現されています。Memory RNN は、過去の遷移を記憶して遷移確率を推定するモデル、という意味でこの名前がつけられています。全体像は図 6-8 のようになっており、V が Vision Model、M が Memory RNN、そして C が戦略である Controller を示しています。戦略である C は、表現を学習する V と M から情報を受け取っていることがわかります。

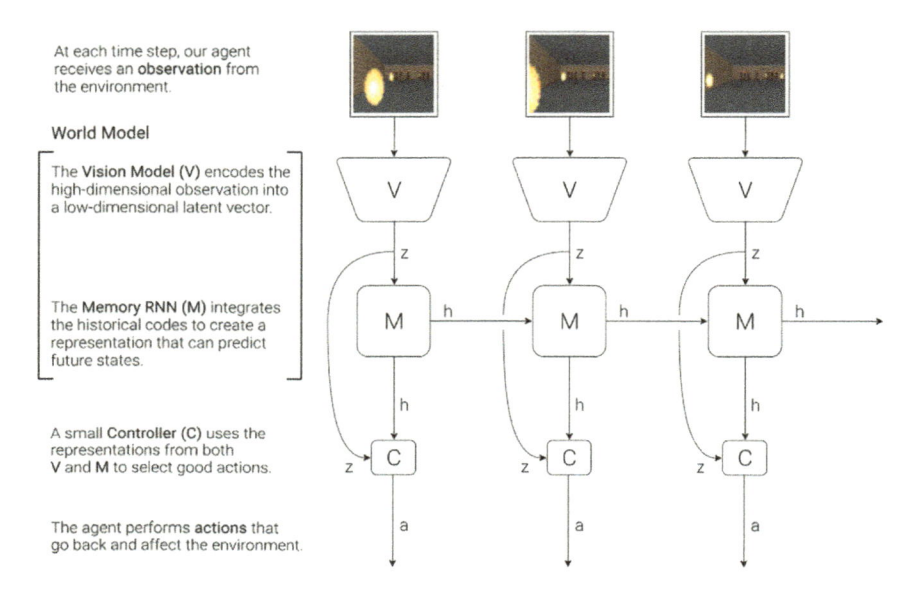

図 6-8　World Models の仕組み
[World Models Can agents learn inside of their own dreams? より引用]

World Models を利用した学習は、以下のように行われます。

code6-6

```python
def rollout(controller):
    obs = env.reset()
    h = rnn.initial_state()
    done = False
    cumulative_reward = 0
    while not done:
        z = vae.encode(obs)
        a = controller.action([z, h])
        obs, reward, done = env.step(a)
        cumulative_reward += reward
        h = rnn.forward([a, z, h])
    return cumulative_reward
```

rnn の出力である h から画面遷移の情報を、vae から現在の画面の情報を受け取り、controller が行動の決定を行います（controller.action([z, h])）。World Models は遷移関数／報酬関数を推定しているわけではありませんが、環境の情報（obs）から特徴を抽出した z, h という表現を使用することで、学習効率を高めています。

「表現」の学習方法には、いくつかバリエーションがあります。表現学習の手法をまとめた "State Representation Learning for Control: An Overview" では以下 4 つの種類にまとめられています。

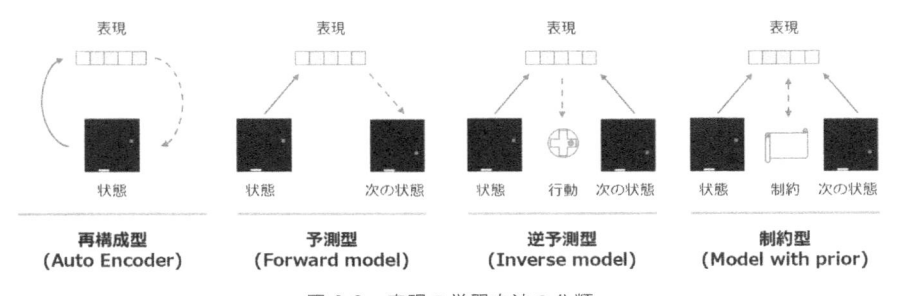

図 6-9　表現の学習方法の分類

再構成型（Auto Encoder）は、状態（画面）の圧縮表現を学習させます。これに対し、予測型（Forward model）は単純に元の状態ではなく、次の状態を予測できるように表現を学習させます。World Models では画面の表現を VAE で学習し、画面の遷移は RNN で学習していましたから、再構成型と予測型の組み合わせということができます。

逆予測型（Inverse model）は、状態遷移からその間の行動を予測できるよう、表現を学習させます。これにより、行動が状態にどんな変化をあたえるのかという情報を表現に織り込むことができます。制約型（Model with prior）は、状態遷移が満たすべき制約を再現できるよう表現を学習させます。Catcher であればボールは上から下に動き右から左には動きませんが、そうした制約（事前知識）を表現に織り込むことが目的です。状態遷移の背景にある事象（行動や法則）を表現に織り込むという意味では、逆予測型と制約型は同じタイプの表現学習方法です。

　「よい表現」を事前に作成しておくことで、学習を効率化する手法も提案されています。具体的には、報酬につながる状態や行動を学習しておき、エージェントがそこに到達できた場合に報酬を与えるという手法です。表現学習と模倣学習の併用に近い形になります。"Playing hard exploration games by watching YouTube" では、YouTube のプレイ動画と実際の環境における画面フレームを紐付けることで、プレイ動画で到達されている画面に到達できた際に報酬を与えています（図 6-10）。

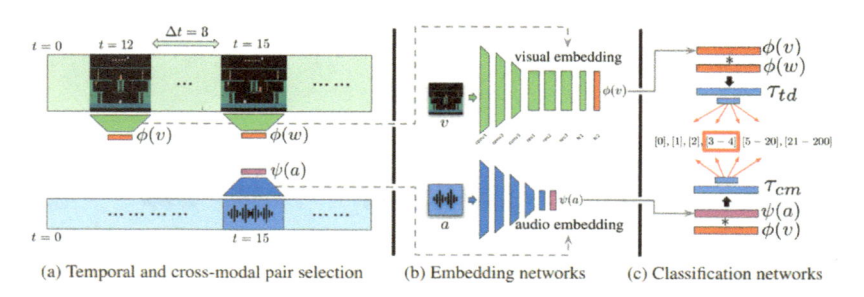

(a) Temporal and cross-modal pair selection　(b) Embedding networks　(c) Classification networks

図 6-10　YouTube 動画の画面と音声から、状態の特徴を算出する
[Playing hard exploration games by watching YouTube, Figure3 より引用]

　深層学習はデータの特徴を抽出するのが得意です。そのため、その力を活かした表現学習の応用は今後も広がっていくと思います。

6.1.4　研究動向の紹介

　本節では、「環境認識の改善」以外の手法について、その研究動向を紹介します。具体的には、「転移能力」としてメタラーニングと転移学習、「探索行動の改善」として内発的報酬／内発的動機づけ、「外部からの教示」としてカリキュラムラーニングを紹介します（表 6-2）。

表 6-2　研究動向を紹介する箇所

観点 1	観点 2	代表的な手法
モデル	学習能力	モデル：Double DQN/Dueling Network など 学習方法：Prioritized Replay など
	転移能力	転移能力：メタラーニング 再利用：転移学習
データ	環境認識の改善	モデルベースとの併用 表現学習
	探索行動の改善	内発的報酬／内発的動機づけ
		Noisy Nets など
	外部からの教示	カリキュラムラーニング
		模倣学習

　モデル自体の改善については、Rainbow の解説で多く取り上げたため、ここでは割愛します。

　まず、モデルの「転移能力」を高める手法としては、「メタラーニング（Meta Learning）」があります。これはさまざまなタスクに共通する「コツ」を学習させることで、モデルの転移能力を高める手法です。これにより、各タスクを少ないサンプルで学習できるようにします。メタラーニングは、教える側と教わる側の立場から、大きく 2 つに分けられます。

- ■「学習のさせ方」を学習する（"Learning to Train"）
- ■「学習の仕方」を学習する（"Learning to Learn"）

　「学習のさせ方」の学習は優秀な教師の育成に近いです。具体的には生徒となるモデルの最適化方法や、データの与え方を学習します。「学習の仕方」は優秀な生徒の育成に近く、具体的には複数のタスクにまたがって有効なモデルの初期値や構造を得ることを目的としています。

　「モデルの最適化方法」を学習させるのは、「学習のさせ方」を学習させる手法の 1 つです。具体的には、最適化を行う Optimizer を学習します。こちらの研究は、その名の通り "Learning to Optimize" というタイトルが冠された論文が初出と思

われます。そこから連なる研究は著者らが所属している Berkeley の研究ブログに
よくまとまっています（"Learning to Optimize with Reinforcement Learning"）。

Learning to Optimize では、モデルへのフィードバック（勾配）の量を強化学習
で最適化します。モデルの予測誤差やこれまで適用した勾配を「状態」として、最
適な勾配の量を決定する、といった形です。報酬は、目的関数の値（＝育成した
モデルの成績）に応じて与えられます。最適なフィードバックを与えれば目的関
数はすぐに収束しその値も小さくなるはずなので、目的関数の和が報酬を与える
ための参考値となります。

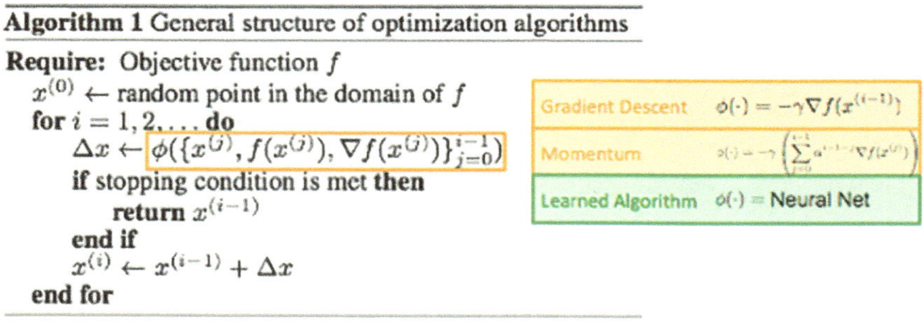

Algorithm 1 General structure of optimization algorithms

Require: Objective function f
$\quad x^{(0)} \leftarrow$ random point in the domain of f
$\quad$ **for** $i = 1, 2, \ldots,$ **do**
$\quad\quad \Delta x \leftarrow \phi(\{x^{(j)}, f(x^{(j)}), \nabla f(x^{(j)})\}_{j=0}^{i-1})$
$\quad\quad$ **if** stopping condition is met **then**
$\quad\quad\quad$ **return** $x^{(i-1)}$
$\quad\quad$ **end if**
$\quad\quad x^{(i)} \leftarrow x^{(i-1)} + \Delta x$
$\quad$ **end for**

Gradient Descent $\quad \phi(\cdot) = -\gamma \nabla f(x^{(i-1)})$
Momentum $\quad \phi(\cdot) = -\gamma \left(\sum_{j=0}^{i-1} \alpha^{i-1-j} \nabla f(x^{(j)}) \right)$
Learned Algorithm $\quad \phi(\cdot) = $ Neural Net

図 6-11　モデルに適用する勾配を計算するアルゴリズム
Learning to Optimize では、適用する勾配を Neural Net で学習する
［Learning to Optimize with Reinforcement Learning より引用］

Learning to Optimize においては小規模なニューラルネットワークが最適化の
対象ですが、Google が公開した "Neural Optimizer Search with Reinforcement
Learning" ではより大規模なネットワーク（Google 翻訳のモデル）を対象として
実験を行っています。こちらの研究では Optimizer の構成を限定的にしています
が、一般的な Optimizer である Adam よりも良好な最適化が行えたとしています。

「データの与え方」を学習させるのはもう１つの「学習のさせ方」を学習させる
手法ですが、まだあまり研究がありません。ただ、機械学習においてデータを作
成する際、むやみにラベル付け作業を行うのでなく学習効果が高いデータを選ん
でラベル付けするという Active Learning という手法があります。これは与える

べきデータを選んでいるといえますが、こちらに強化学習を応用した研究として "Learning how to Active Learn: A Deep Reinforcement Learning Approach" があります（なおこの論文の中でも、Active Learning への強化学習の適用は少ないと言及されています）。

　この研究では固有表現認識というタスクで活用を行っています。固有表現認識とは、テキスト中の固有表現（人名や地名など）を特定する処理です。ラベル付けしてよいデータの数（Budget）が決まっており、データの系列に対してラベル付けする／しないを判断することが行動になります。報酬はモデルの精度ですが、最終的なモデルの精度だけでなく各行動の結果（ラベル付けしたデータを学習したことによる精度向上）についても報酬を与えています。

　続いて「学習の仕方」を学習させる研究について紹介します。こちらはさまざまなタスクを少ないデータで学習できるモデルを得ることを目的としています。前述の通り優秀な生徒の育成に近く、その育成は事前にさまざまなタスクに使える（汎用的な）知識を獲得させておく形で行われることが多いです。事前の学習については、データ構造に関する知識を学習させる手法（Metric/Representation Base）、モデルの外に知識を蓄積する方法（Memory/Knowledge Base）、モデルの中に知識を蓄積する方法（Weight Base）の 3 つに大別できます。データ構造、またモデルの外に知識を蓄積する手法は、「環境認識の改善」という形でまとめて行われることが多いです（モデルベースとの併用、表現学習など）。そのため、ここでは Weight Base、具体的にはモデルのパラメーター（重み）のよい初期値を獲得しておく手法について紹介します。

　パラメーターのよい初期値を得る手法の 1 つとして、MAML（Model-Agnostic Meta-Learning）があります。こちらは、あるタスク集合について少ない学習データで学習が済むような「よい初期値」を探索します。タスク集合が球技（野球、サッカー、バスケなど）であるとき、どの球技でも短い時間で学習できるような選手を育成するイメージです。具体的には、図 6-12 のように複数タスクからのフィードバック（勾配）を組み合わせ、各タスクに転移しやすい初期値を探索します。先の例でいえば、$\mathcal{L}_1, \mathcal{L}_2, \mathcal{L}_3$ がそれぞれ野球、サッカー、バスケに関するフィードバックで、各フィードバックに共通する内容（例えばボールをよく見るなど）を学

習する形になります。

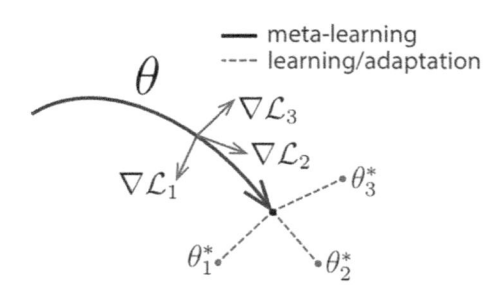

図 6-12　各タスクからの勾配を組み合わせた、初期値の学習
[Model-Agnostic Meta-Learning for Fast Adaptation of Deep Networks, Figure1 より引用]

　なお、MAML で扱う「タスクの集合」は別々のタスクである必要はありません。
"Model-Based Reinforcement Learning via Meta-Policy Optimization" では同一
の環境（タスク）に対して複数のモデルベースの環境を構築し、それを「タスクの
集合」と見なしメタラーニングを行っています。これは転移という形ではありま
せんが、複数の経験を統合するメタラーニングの枠組みが、サンプル効率の改善
に役立つことを示唆しています。

　以上が「転移能力」についての研究動向です。モデルの「学習のさせ方」か、モ
デル自体の「学習の仕方」か、いずれかを獲得することでサンプル効率を高めるこ
とができます。続いて、転移能力の一種ともいえる作成済みのモデルを「再利用」
する転移学習について研究動向を紹介します。

　転移学習（Transfer Learning）は、あるタスクで学習させたモデルを別タスク
のに「再利用」する手法です。特に元のタスク（ソース）と転移先のタスク（ター
ゲット）が確定している場合を特にドメイン変換（Domain Adaptation/Domain
Transfer）と呼ぶこともあります。

　別のタスクで学習させたモデルを再利用する転移学習は、機械学習において一
般的な手法です。特に、画像の分野では顕著な成功を収めています。学習済みの
画像分類モデルを使って特定ドメインの画像分類モデルを作成することはよく行

われています。強化学習においてこれを試みた研究として、"PathNet: Evolution Channels Gradient Descent in Super Neural Networks" があります。

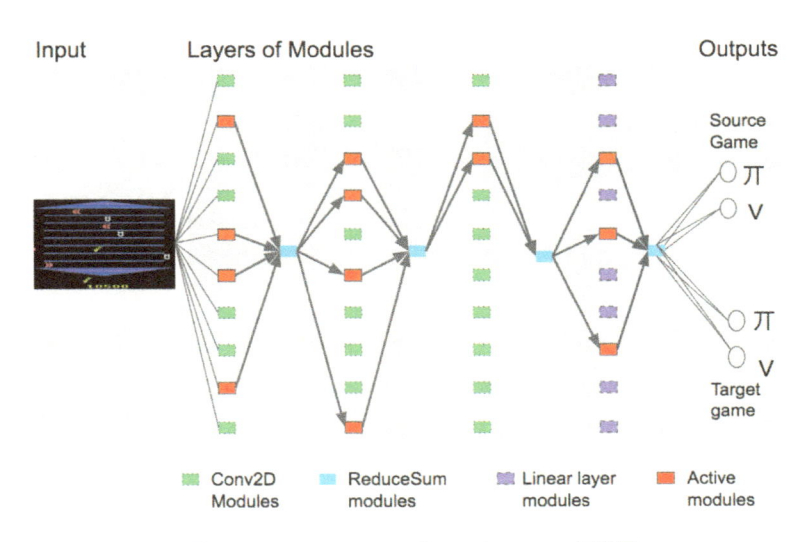

図 6-13 PathNet におけるモジュールの再利用
［PathNet: Evolution Channels Gradient Descent in Super Neural Networks, Figure 2 より引用］

PathNet のネットワークは、いくつかのモジュールを持った層で構成されています。次の層に情報を渡す際は、層内のモジュールを何個か選びその情報を結合して渡します（図 6-13 では、緑がモジュール、赤が選択されたモジュールで、水色の結合処理を通じて次の層に情報が伝播されています）。PathNet ではあるタスクで有用だったパスは固定され、次のタスクに持ち越されます。つまり、以前有用だったパスを新しいタスクで使うことができ、一からタスクを学習するよりも効率的に学習できたとしています。

ソースとターゲットを定めたドメイン変換では、まずシミュレーターから現実世界へ、という変換があります。2010 年に発表された "Transfer learning for reinforcement learning on a physical robot" ではまだシミュレーターの精度が十分でなく実際のロボット上での学習結果を転移させていましたが、その後シミュレーターの精度も増し、2016 年の "Sim-to-Real Robot Learning from Pixels with

Progressive Nets" ではシミュレーター上の学習結果を実ロボットの操作へと転移することに成功しています。図 6-14 は左側 2 つが実際の画像、右側が MuJoCo というシミュレーターの画像ですがほとんど見分けがつかないと思います。

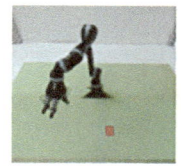

図 6-14　実画像とシミュレーター画像との比較
[Sim-to-Real Robot Learning from Pixels with Progressive Nets, Figure3 より引用]

　シミュレーター上で学習した結果を転移するのではなく、シミュレーターのデータ自体を現実に近づけるよう転移するという研究も行われています。"Using Simulation and Domain Adaptation to Improve Efficiency of Deep Robotic Grasping" はこのタイプの研究にあたります。

　人間の動作からロボットの操作を学ぶ、というドメイン変換も行われています。"One-Shot Imitation from Observing Humans via Domain-Adaptive Meta-Learning" はメタラーニングとドメイン変換を組み合わせ、一度の人間の動作だけからロボットの操作を学ぶ研究です。メタラーニングでサンプル効率を上げつつ、ドメイン変換により用意しやすいデータ（人間によるデモ）を活用して学習しています。

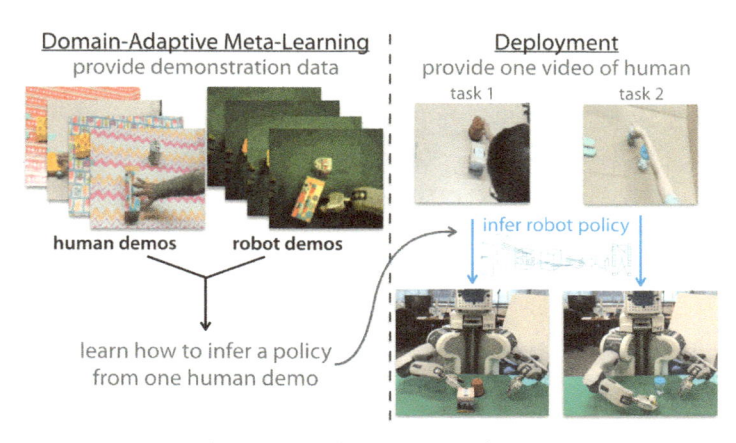

図 6-15　人とロボット双方によるさまざまなタスクのデモから、よい初期値を学習する
[One-Shot Imitation from Watching Videos より引用]

　このように、転移学習では同じドメインで学習したモデルの再利用はもちろん、別のドメインで学習したモデルの利用も研究されています。いずれもモデルのサンプル効率自体を改善するわけではありませんが、事前に学習したモデル（シミュレーターで学習したモデルなど）を再利用することで結果としてサンプル効率を高めることができます。続いては、モデル側の工夫から離れ、データの獲得の仕方である「探索行動の改善」について研究動向を紹介します。

　「探索行動の改善」の目的は、学習効果の高いサンプルを獲得することです。「学習効果が高い」とは、端的にはまだ経験したことのない状態・行動の組み合わせが該当します。すでに獲得済みの経験を繰り返してもあまり学習効果がないことは、人間に置き換えてみてもよくわかります。

　改善の方向性としては、学習効果の高いサンプルが得られる確率を高めるか、（確率はそのままで）試行回数を適切に調整するかのどちらかになります。前者には内発的報酬／内発的動機づけ（Intrinsic Reward/Intrinsic Motivation）を利用する方法が提案されており、後者の回数調整（探索確率の調整）については、Rainbowで紹介した NoisyNet などが提案されています。いずれの手法も研究の起源は古く、新しく発明されたというよりは再度注目された形になります。ここでは、近

年特に注目されている内発的動機づけについての研究動向を紹介します。

　内発的動機づけは、2004 年に "Intrinsically Motivated Reinforcement Learning" で提案されました。心理学においては誰かから与えられる報酬を外発的動機づけ、自分自身の欲求に基づく行動を内発的動機づけと呼びます。強化学習における報酬は外発的であるため、内発的動機づけのほうも強化学習に取り込めないか、という提案を行っています。実験として、環境に顕著な変化をもたらす行動をとった場合（スイッチを押したら明かりがついた、など）に外発的な報酬とは別に報酬を与え、環境変化を促す行動を自発的にとるよう促しています。

　2017 年 に 発 表 さ れ た "Curiosity-driven Exploration by Self-supervised Prediction" でも、同様のアプローチがとられています。こちらの研究では状態遷移を予測するモデルを内部に持ち、予測した状態と実際の状態との差異で環境の顕著な変化（新規性）を判断します。そして新規性に基づき内発的報酬を与えます。これにより新しい状態の探索を促す＝「好奇心」を取り入れた、としています。スーパーマリオブラザーズが検証に使用されており、「好奇心」の導入により早くステージがクリアでき、さらに学習した探索方法が他のステージでも有効なことを確認しています。

 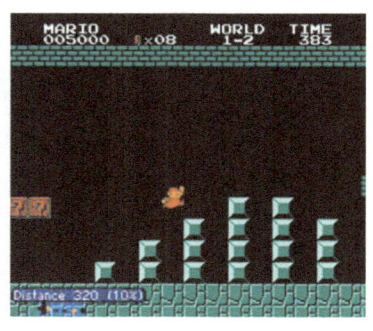

(a) learn to explore in Level-1　　(b) explore faster in Level-2

図 6-16　「好奇心」を取り入れたモデルによる学習
[Curiosity-driven Exploration by Self-supervised Prediction, Figure1 より引用]

　内発的動機づけは、報酬が疎な環境における対策としてよく用いられています。

「報酬が疎である」とは、端的にはゴールまでとても遠いということです。この問題は 2D から 3D へ、数回の行動で決着がつくゲームからより長い行動の結果決着がつくゲームへ、と扱う環境が高度になってくるにつれ顕在化してきました。この場合、実際の報酬が得られるまでの間に、行動を促すためのなんらかの報酬を与えることが解決策の 1 つになります。内発的動機づけは、そのための手法の 1 つになります。

この内発的報酬がどこまで有効なのかについて、"Large-Scale Study of Curiosity-Driven Learning" にて詳細な調査が行われています。この研究では、内発的報酬「のみ」でどこまでゲームがプレイできるのかを検証しています。結果としては、タスク（ゲームの種類）によってかなりばらつきがあります。どんなタスクにどんな内発的報酬を与えればよいのか（与える基準、報酬の量など）については、今後の研究でより明らかにされてくると思います。

最後に、「外部からの教示」を行う手法であるカリキュラムラーニング（Curriculum Learning）について紹介します。カリキュラムラーニングは、人間が簡単なことを学習してから難しいことを学ぶように、機械学習モデルも簡単なタスクから難しいタスクを学ぶようにしたほうがいいのでは、という着想を出発点にしています。

カリキュラムラーニングも起源は古く、ニューラルネットワークへの適用は 1993 年に "Learning and development in neural networks: The importance of starting small" にて提案されています。この研究を発表したのは、系列データに特化した再帰型ニューラルネットワーク（RNN）の原型を発明した Elman 先生です。その後、同じく深層学習の権威である Begio 先生から文字通り "Curriculum Learning" と題する論文が 2009 年に発表され、以後盛んに研究されることになります。なお、カリキュラムラーニングは強化学習専用の手法というわけではなく、強化学習以外の学習方法でも用いられています。

強化学習へのカリキュラムラーニングの適用としては、タスクの難易度調整とタスク分割の 2 種類があります。1 つ目は簡単なタスクから難しいタスクへと移行させていく手法、2 つ目は難しいタスクを簡単なタスクに分割してやり、個別

に教えるという手法です。

　簡単なタスクから難しいタスクに移行する方法としては、単純にスタート地点をゴールに近いところから徐々に遠いところにしていくという手法があります。"Reverse Curriculum Generation for Reinforcement Learning" では報酬が得やすい状態（ゴール近く）から、徐々に報酬が得られるかわからない状態へとスタート地点をずらしていきます。スタート地点の調整は自ら行うため、自らカリキュラムを作成しているといえます。"Learning Montezuma's Revenge from a Single Demonstration" は模倣学習と組み合わせたような形で、示されたお手本をまずは終盤から、徐々に序盤から学習します。これにより Atari のゲームの中でも学習が難しい Montezuma's Revenge を、たった 1 つのデモプレイから、短時間で学習し高いスコアを記録しています。図 6-17 では、左上から順に徐々にスタート地点が報酬（鍵）から遠い点になっていることがわかります。

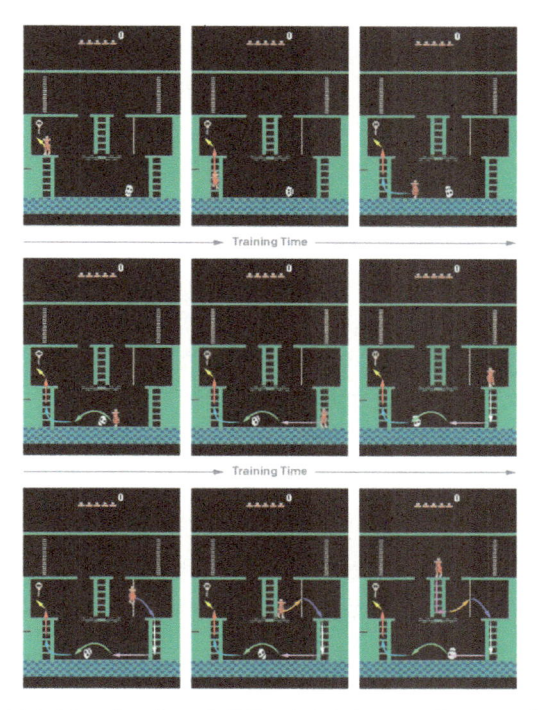

図 6-17　デモプレイを使用したカリキュラムラーニング
［Learning Montezuma's Revenge from a Single Demonstration より引用］

　タスクを分割する例としては、"Hierarchical and Interpretable Skill Acquisition in Multi-task Reinforcement Learning" があります（図 6-18）。この研究では、与えられたタスクを直接こなせる場合は直接、分割したほうがよい場合は分割してタスクをこなすモデルを構築しています。学習時は基礎的なタスクをまず学習させ、その後にタスクのばらし方（基礎的なタスクで解くべきか、分割すべきか）を学習させるというカリキュラムラーニングを行います。ただ、タスクの分割方法自体は人が教えるのでなくモデル自身が学習します。

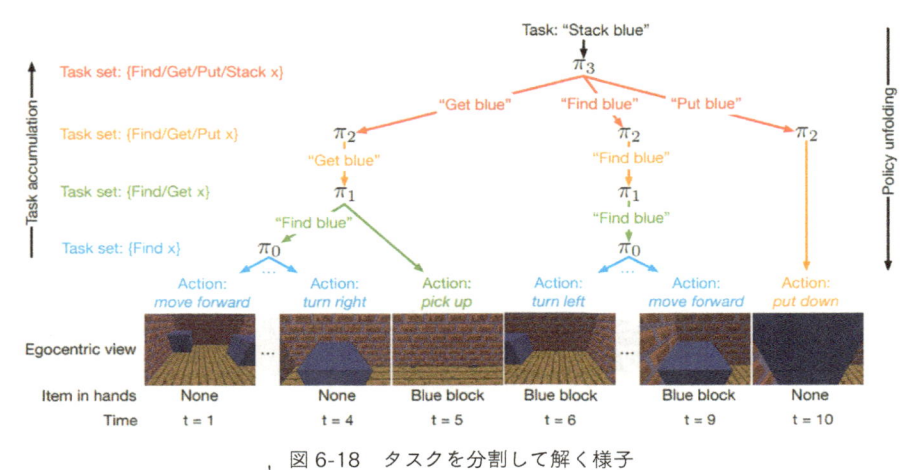

図 6-18　タスクを分割して解く様子

[Hierarchical and Interpretable Skill Acquisition in Multi-task Reinforcement Learning, Figure1 より引用]

　カリキュラムラーニングではカリキュラム自体を自動で作成する研究が進んでいます。先ほど紹介した内発的動機づけと組み合わせ、タスクの構造を自動獲得させる試みもあります（"Hierarchical Deep Reinforcement Learning: Integrating Temporal Abstraction and Intrinsic Motivation"）。その意味では、カリキュラムの作成において人の教示をいかにうまく使うか、またいかに介入なしで作成するか、という点が今後研究されていくと思います。

　以上が、研究動向の紹介となります。サンプル効率の向上がまさに研究途上のトピックであることを感じていただけたかと思います。なお、紹介した手法はそれぞれ独立しているわけではなく併用することも可能です。表現学習にて表現学習と模倣学習を組み合わせたような研究（参考文献 [Day6-11]）を紹介しましたが、このように併用を行うことでより効率を上げることができます。

　ただ一方で、理論ではなくコンピューティングパワーがこの問題を解決する可能性も頭の片隅においておいていただければと思います。画像認識ではもはやGPU を使うことが一般的になっており、CPU のみで学習する方向への関心はもはや薄まっています（推論は別ですが）。同様に、より高火力・高演算力のデバイ

スが開発されて普及することで、単純に学習時間が短くなる可能性があります。

　OpenAI の Dota2 に対するアプローチは、コンピューティングパワーによる解決の事例として参考になります。Dota2 は複雑なマルチプレイヤーのオンラインゲームですが、OpenAI はこのゲームに対し PPO という本書でも扱ったアルゴリズムを使用しています。ただ、その学習には 12 万 8 千個の CPU コアと 256 個のGPU を投入し、1 日 180 年分という膨大な時間学習をさせています（図 6-19）。

図 6-19　学習したエージェントの、行動と観測状態の可視化
［OpenAI Five より引用］

　この結果、限定されたルールのもとではプロプレイヤーに勝利を収める成果を出しました（ただ、本選ともいえる The International では人間チームに敗れています）。近年ではクラウドコンピューティングの利便性がよくなり、一時的に高火力の演算が必要なだけならそれほどコストをかけず学習をさせることが可能です。Dota2 の場合はさすがに極端ですが、サンプル効率をアルゴリズムにより改善するよりも、お金で解決するほうが早い可能性はあるということです。

6.2　再現性の低さへの対応：進化戦略

再現性の低さを招いている要因の 1 つとして、「学習が安定しない」という問題がありました。深層強化学習、というよりニューラルネットワークの学習では勾配法が使われることが一般的であり、勾配法による学習プロセスをいかに安定させるかについて多くの研究が行われてきました。Day4 で紹介した TRPO/PPO といったアルゴリズムはまさにこの文脈で編み出された手法となります。

勾配法と異なるアプローチとして、近年進化戦略（Evolution Strategies）が注目されています。進化戦略は遺伝的アルゴリズムと同時期に提案された古典的な手法で、とてもシンプルなアルゴリズムです。進化戦略と遺伝的アルゴリズムの違いは、以下の通りになります。

- **進化戦略**
  パラメーターを複数生成し、各パラメーターを使った場合のモデルの評価を行う。評価が良好なものに近いパラメーターをさらに生成し、評価するというプロセスを繰り返す。
- **遺伝的アルゴリズム**
  進化戦略と基本は同じで、評価が高かったパラメーター同士を混ぜる（交叉）、ランダムなパラメーターを入れる（突然変異）といった操作を行う。

古典的かつシンプルな進化戦略が注目されたきっかけは、OpenAI の研究発表でした（"Evolution Strategies as a Scalable Alternative to Reinforcement Learning"）。この研究では、モデルのパラメーター更新に勾配法でなく進化戦略を用いることで、より速く、安定的な学習ができたとしています。この研究の発表以後、進化戦略をよりシンプル、かつ再現性のある手法へ改良すべく多くの研究が行われています。"Simple random search provides a competitive approach to reinforcement learning" は、その代表格といえます。

本節では、勾配法とならぶ最適化手法となる可能性のある進化戦略について、その仕組みと実装を解説します。

　進化戦略は、多くの候補から優秀なものを絞り込むというアプローチをとります。この点は、初期状態から徐々によくしていくという勾配法とは異なります。

　進化戦略の最も単純な手法は、評価が高いトップ N のパラメーターの平均 / 分散（パラメーター同士の共分散を含む）を計算し、それにもとづき新しいパラメーターをサンプリングするというものです。この手法を Covariance-Matrix Adaptation Evolution Strategy（CMA-ES）と呼びます。CMA-ES によるパラメーター探索を示したものが図 6-20 になります。パラメーターは x1、x2 の 2 つとしており、図中の点はある x1、x2 の組み合わせを表しています。

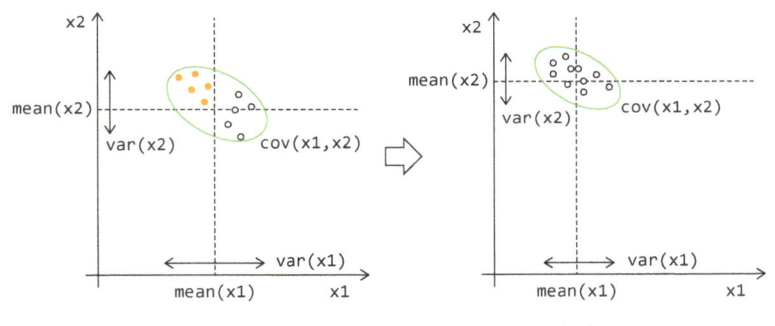

図 6-20　CMA-ES によるパラメーター探索

　図中色付きの点は評価が高かった組み合わせであり、次のパラメーター候補はこの近辺からサンプリングします。評価とサンプリング範囲の移動を繰り返していくことで、パラメーターをサンプリングする領域を徐々に絞り込んでいきます。

　OpenAI の発表した手法は、この基本的な手法とは少し異なります。モデルのパラメーターを直接生成するのではなく、徐々に変更していく形をとっています。その手順は以下のようになります。

1.　パラメーターにのせるノイズをランダムに、複数生成する。
2.　ノイズを加えたパラメーターをモデルにセットし、評価を行う。具体的には、そのモデルで複数のエピソードをプレイし、得られた報酬を記録する。
3.　報酬の獲得に貢献したノイズを採用し、貢献しなかったノイズをのぞく形

で元のパラメーターを更新する。
4. 手順 1 に戻る。

この手順を実装し、Day4 で取り上げたボールキャッチゲームに再度挑戦して
みましょう。上記の手順には勾配計算のプロセスがないため、CPU でも十分な速
度で実行が可能です。手順 2 で行っているモデルの評価は並列に実行することが
可能であり、この処理にはむしろ CPU が適しています。そのため今回は CPU の
みで、しかも Day4 より速く学習が進められます。

では、早速実装してみましょう。これから紹介するコードは、以下のファイル
です。

EV/ evolution.py

まずエージェントを実装します。

code6-7

```python
import os
import argparse
import numpy as np
from sklearn.externals.joblib import Parallel, delayed
from PIL import Image
import matplotlib.pyplot as plt
import gym
import gym_ple

# Disable TensorFlow GPU for parallel execution.
if os.name == "nt":
    os.environ["CUDA_VISIBLE_DEVICES"] = "-1"
else:
    os.environ["CUDA_VISIBLE_DEVICES"] = ""
os.environ["TF_CPP_MIN_LOG_LEVEL"] = "3"

from tensorflow.python import keras as K


class EvolutionalAgent():
```

```python
    def __init__(self, actions):
        self.actions = actions
        self.model = None

    def save(self, model_path):
        self.model.save(model_path, overwrite=True, include_optimizer=False)

    @classmethod
    def load(cls, env, model_path):
        actions = list(range(env.action_space.n))
        agent = cls(actions)
        agent.model = K.models.load_model(model_path)
        return agent

    def initialize(self, state, weights=()):
        normal = K.initializers.glorot_normal()
        model = K.Sequential()
        model.add(K.layers.Conv2D(
            3, kernel_size=5, strides=3,
            input_shape=state.shape, kernel_initializer=normal,
            activation="relu"))
        model.add(K.layers.Flatten())
        model.add(K.layers.Dense(len(self.actions), activation="softmax"))
        self.model = model
        if len(weights) > 0:
            self.model.set_weights(weights)

    def policy(self, state):
        action_probs = self.model.predict(np.array([state]))[0]
        action = np.random.choice(self.actions,
                                  size=1, p=action_probs)[0]
        return action

    def play(self, env, episode_count=5, render=True):
        for e in range(episode_count):
            s = env.reset()
            done = False
            episode_reward = 0
            while not done:
                if render:
                    env.render()
                a = self.policy(s)
                n_state, reward, done, info = env.step(a)
                episode_reward += reward
                s = n_state
            else:
                print("Get reward {}".format(episode_reward))
```

　今回は CPU で計算を行うため、TensorFlow が自動で GPU を読み込んでしまわないよう、環境変数を修正しています（もともと CPU 版を使っている場合、この処理は不要です）。EvolutionalAgent はネットワークの構成こそ Day4 に比べて軽量なものになっていますが、画面を入力として価値を計算する点は変わりません。このネットワークのパラメーターを、勾配法ではなく進化戦略で最適化していきます。

　環境を扱うための Observer の実装は Day4 と同等です。

code6-8

```python
class CatcherObserver():

    def __init__(self, width, height, frame_count):
        self._env = gym.make("Catcher-v0")
        self.width = width
        self.height = height

    @property
    def action_space(self):
        return self._env.action_space

    @property
    def observation_space(self):
        return self._env.observation_space

    def reset(self):
        return self.transform(self._env.reset())

    def render(self):
        self._env.render()

    def step(self, action):
        n_state, reward, done, info = self._env.step(action)
        return self.transform(n_state), reward, done, info

    def transform(self, state):
        grayed = Image.fromarray(state).convert("L")
        resized = grayed.resize((self.width, self.height))
        resized = np.array(resized).astype("float")
        normalized = resized / 255.0 # scale to 0~1
        normalized = np.expand_dims(normalized, axis=2) # H x W => W x W x C
        return normalized
```

続いて学習をになう Trainer を実装します。

code6-9

```python
class EvolutionalTrainer():

    def __init__(self, population_size=20, sigma=0.5, learning_rate=0.1,
                 report_interval=10):
        self.population_size = population_size
        self.sigma = sigma
        self.learning_rate = learning_rate
        self.weights = ()
        self.reward_log = []

    def train(self, epoch=100, episode_per_agent=1, render=False):
        env = self.make_env()
        actions = list(range(env.action_space.n))
        s = env.reset()
        agent = EvolutionalAgent(actions)
        agent.initialize(s)
        self.weights = agent.model.get_weights()

        with Parallel(n_jobs=-1) as parallel:
            for e in range(epoch):
                experiment = delayed(EvolutionalTrainer.run_agent)
                results = parallel(experiment(
                                episode_per_agent, self.weights, self.sigma)
                                for p in range(self.population_size))
                self.update(results)
                self.log()

        agent.model.set_weights(self.weights)
        return agent

    @classmethod
    def make_env(cls):
        return CatcherObserver(width=50, height=50, frame_count=5)

    @classmethod
    def run_agent(cls, episode_per_agent, base_weights, sigma,
                  max_step=1000):
        env = cls.make_env()
        actions = list(range(env.action_space.n))
        agent = EvolutionalAgent(actions)

        noises = []
```

```python
        new_weights = []

        # Make weight.
        for w in base_weights:
            noise = np.random.randn(*w.shape)
            new_weights.append(w + sigma * noise)
            noises.append(noise)

        # Test Play.
        total_reward = 0
        for e in range(episode_per_agent):
            s = env.reset()
            if agent.model is None:
                agent.initialize(s, new_weights)
            done = False
            step = 0
            while not done and step < max_step:
                a = agent.policy(s)
                n_state, reward, done, info = env.step(a)
                total_reward += reward
                s = n_state
                step += 1

        reward = total_reward / episode_per_agent
        return reward, noises

    def update(self, agent_results):
        rewards = np.array([r[0] for r in agent_results])
        noises = np.array([r[1] for r in agent_results])
        normalized_rs = (rewards - rewards.mean()) / rewards.std()

        # Update base weights.
        new_weights = []
        for i, w in enumerate(self.weights):
            noise_at_i = np.array([n[i] for n in noises])
            rate = self.learning_rate / (self.population_size * self.sigma)
            w = w + rate * np.dot(noise_at_i.T, normalized_rs).T
            new_weights.append(w)

        self.weights = new_weights
        self.reward_log.append(rewards)

    def log(self):
        rewards = self.reward_log[-1]
        print("Epoch {}: reward {:.3}(max:{}, min:{})".format(
            len(self.reward_log), rewards.mean(),
            rewards.max(), rewards.min()))
```

```python
def plot_rewards(self):
    indices = range(len(self.reward_log))
    means = np.array([rs.mean() for rs in self.reward_log])
    stds = np.array([rs.std() for rs in self.reward_log])
    plt.figure()
    plt.title("Reward History")
    plt.grid()
    plt.fill_between(indices, means - stds, means + stds,
                     alpha=0.1, color="g")
    plt.plot(indices, means, "o-", color="g",
             label="reward")
    plt.legend(loc="best")
    plt.show()
```

　train の中で、指定された epoch だけ EvolutionalTrainer.run_agent の実行とその結果をもとにした update を繰り返します。run_agent は self.population_size の候補それぞれについて行う必要がありますが、parallel を使用し並列して実行しています。

　run_agent はエージェントに実際プレイさせて評価を行います。基準となるパラメーター（base_weights）にノイズを加えたものを agent にセットし、episode_per_agent 回だけゲームをプレイして獲得できた報酬を記録し、加えたノイズと獲得できた報酬のセットを返却します。

　update でパラメーターの更新を行っています。self.weights の中にある各層の重みについて、加えたノイズと報酬を掛け合わせることで（np.dot(noise_at_i.T, normalized_rs)）、報酬の貢献度に応じたパラメータの変動量を計算します。この変動量を適用していくことで、パラメーターを更新していっています。

　100 エポックの学習結果は以下のようになります。

図 6-21　進化戦略の学習結果（横軸：エポック、縦軸：獲得報酬）

　手元の PC（64bit Corei-7 8GM）では 1 時間かからずにここまで学習させることができました。通常の深層強化学習に比べ、GPU を使わないのにもかかわらずかなり短い時間で報酬が獲得できるようになっています。

　いかがだったでしょうか。進化戦略による最適化はまだ研究が進み始めたばかりですが、将来は勾配法と同程度に普及している可能性もあると思います。勾配法を改良するという方向ではなく、別種の最適化アルゴリズムを使用する、あるいは併用するという試みは今後も登場するのではないかと思います。

6.3　局所最適な行動 / 過学習への対応：模倣学習 / 逆強化学習

　最後に、局所最適な行動をしてしまう、また過学習してしまうことへの対応方法を紹介します。この弱点によってもたらされるのは、教える側が意図しない行動をしてしまう、という問題でした。逆に考えれば「意図した行動」へ誘導ができればよいわけで、そのアプローチとして以下 2 つの手法があります。

■ **模倣学習**
　人がお手本を示し、それに沿うよう行動を学習させる
■ **逆強化学習**

示されたお手本から報酬関数を逆算させ、それをもとに行動を学習させる

いずれも「お手本を用意する」という面では同じになります。お手本に沿った行動を学習させようというのが模倣学習、お手本で示される行動の背景にある報酬関数（人がどのような点を報酬と感じているか）を推定させる手法が逆強化学習となります。なお、お手本を用意する人、あるいはエージェントのことを一般的にエキスパートと呼びます。

「お手本を用意する」という点は教師あり学習に近いです。そのため、エージェントが独自に学習するよりサンプル効率を高めることができます。特に、模倣学習は人の動作をロボットに学習させるといった形で活用が進められています。この応用例については、Day7 の行動の最適化で事例を取り上げます。

6.3.1　模倣学習

模倣学習（Imitation Learning）は、教師あり学習にとてもよく似ています。エキスパートの行動を記録しておいて、それと近しい行動をとるよう、エージェントを学習させる形になるためです。

しかし、単にエキスパートの行動を真似すればよいわけではありません。これには 2 つ理由があります。1 点目は状態数が非常に多い場合エキスパートの行動をとりきるのが困難であること、2 点目はそもそも行動を記録するのが難しい状態があるという点です。

自動運転車を題材に、2 つの理由の背景を考えてみます。1 点目については、エキスパートがさまざまな状態、具体的には晴れの時・雨の時・曇りの時・朝・昼・晩…におけるお手本をそろえる必要があることを考えるとわかります。2 点目は、「事故スレスレの状態をとりたいので、いきなり交差点から飛び出してください」というようなシチュエーションを思い描いていただければわかるかと思います。

このような背景から、模倣学習ではエキスパートの負担にならない少数の教師データから、エキスパートの行動記録がない状態においても適切な行動をとれるようにすることが目的となります。

　模倣学習の手法として、本節では以下 4 つの手法を紹介します。

1. Forward Training
2. SMILe
3. DAgger
4. GAIL

　これらは、初期の手法から順に並んでいます。GAIL は OpenAI baseline にも収録されている、近年の模倣学習において基本的な手法です。ただ、1 つ前の DAgger もシンプルかつ強力な手法であり、こちらもよく用いられます。

　Forward Training（参考文献［Day6-40］）は、各タイムステップ個別の戦略を作成し、それをつなぎ合わせて全体戦略とする手法です。戦略 π の学習には状態とそこでとるべき行動が必要ですが、状態は前タイムステップまでの戦略から、状態における行動はエキスパートの行動が記録されていればそこから取得し学習を行います。タイムステップ t の戦略（π_t）なら、$\pi_1 \sim \pi_{t-1}$ から得られるタイムステップ t における状態と、状態におけるエキスパートの行動から学習することになります（図 6-22）。

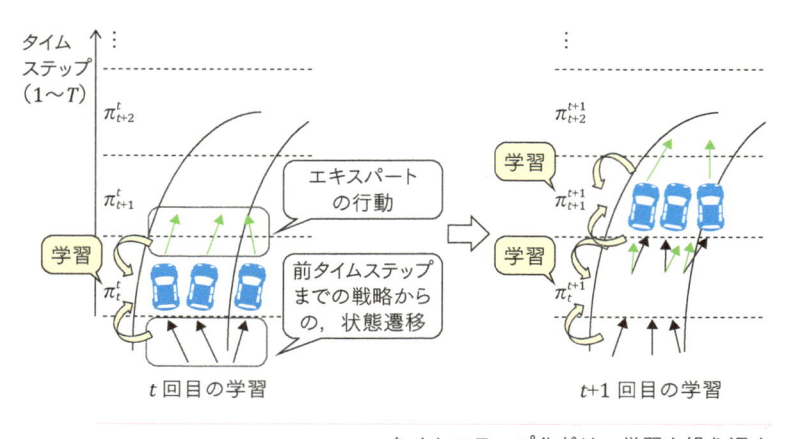

図 6-22　Forward Training の学習ステップ

　タイムステップの上限が T だとすると、T 個の戦略を T 回の学習で作成する形になります。Forward Training の論文中では、下付きの数字がタイムステップ、上付きの数字が学習回数を意味しているので、混乱しないよう注意してください。図 6-22 は、論文中の表記に従い π を表記しています。

　Forward Training を用いることで、単純な教師あり学習より実際の状態遷移分布に近いデータで各戦略を学習させることができます。ただ Forward Training ではタイムステップの長さを決める必要があり、多くの場合それは現実的ではありません。仮に決めたとしても長いタイムステップでは計算がとても大変になります。また戦略がタイムステップ単位であるため、同じ状態でもいつのタイムステップかでとる行動が異なります。つまり一貫性がないということであり、その意味で Non-stationary policy とも呼ばれます。

　SMILe（Stochastic Mixing Iterative Learning）（参考文献 [Day6-40]）はこの点を改善した手法になります。"Mixing" の名の通り、複数の戦略を混合していくような手法になります。単一の戦略に統合するためタイムステップごとに戦略が分かれることはありませんし、タイムステップの長さを決める必要もありません。

　SMILe では最初の戦略はエキスパートの行動だけから学習し、以後は学習した戦略をそこに混ぜていきます。エキスパートの行動だけから学習した初期戦略 π^* に、各学習ステップで学習した戦略 $\hat{\pi}^*$ が加えられていく形です。この戦略の配合（"Mixing"）は以下の式で定義されます。

$$\pi^n = (1 - \alpha)^n \pi^* + \alpha \sum_{j=1}^{n} (1 - \alpha)^{j-1} \hat{\pi}^{*j}$$

　α は新しい戦略を加える配合率であり、学習を行うほど（n が大きくなるほど）初期戦略 π^* の割合は下がっていくように定義されています。イメージ的には、最初はお手本（エキスパート）に依存しつつも徐々に自立していくという形です。

　式だけではわかりずらいため、図にしてみます（図 6-23）。まず、タイムステップが $n-1$ の時点における戦略（π^{n-1}）と、エキスパートの行動とを比較し、その差異が小さくなるよう学習することで $\hat{\pi}^{*n}$ を作成します。作成した $\hat{\pi}^{*n}$ は、次の

タイムステップ n の時点における戦略 π^n に $\alpha(1-\alpha)^{n-1}$ だけ組み込まれます。その分、既存の戦略と初期戦略 π^* の配分率は $(1-\alpha)$ だけ割り引かれます。

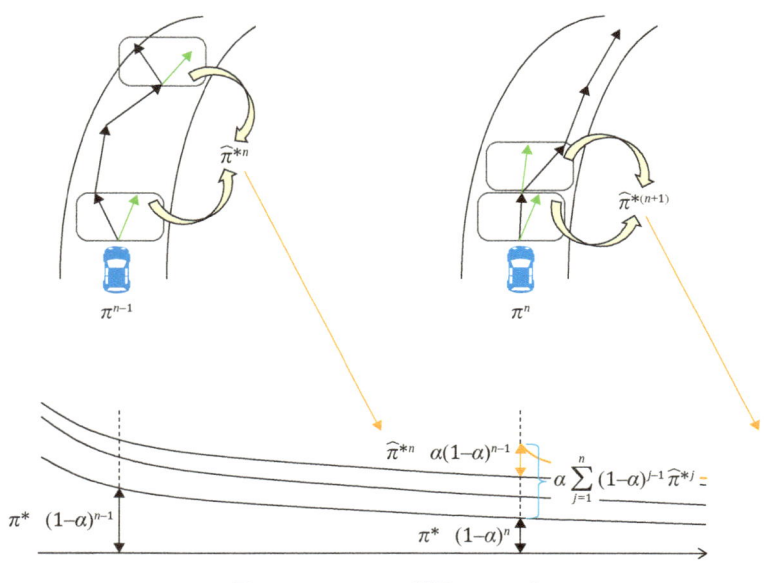

図 6-23　SMILe の学習ステップ

　SMILe のデメリットは、行動が安定しない点です。SMILe の戦略はその名の通り複数の戦略が混合した形になっているため（どの時点の戦略も、配合率が 0 にはなりません）、適切な戦略が選択されるかはどうしても確率的になってしまいます。

　DAgger（Dataset Aggregation）（参考文献［Day6-41］）、戦略を基準としてきた Forward Training/SMILe の発想を転換し、データを基準とした手法になります。これにより、アルゴリズムはよりシンプルになりパフォーマンスも大きく向上しました。

　SMILe と DAgger の違いは以下の点になります。

- **SMILe：戦略を混合していき、最終戦略を作成する。**
- **DAgger：データを混合していき、そこから学習して最終戦略を作成する。**

DAgger では SMILe のように戦略を混合していくことはありません。SMILe と同様エキスパートの行動のみから学習した π^* からスタートしますが、戦略でなくデータを混合していきます。具体的には、各ステップで得られた状態とその状態におけるエキスパートの行動のペアが、学習データに足されていきます。戦略はこの学習データから学習されたものただ 1 つです。これにより SMILe に比べ行動が安定し、高いパフォーマンスが得られます。図 6-24 は、DAgger の学習プロセスを図にしたものです。戦略による行動とエキスパートの行動とのペアは Training Data に蓄えられていき、次のタイムステップの戦略はその Training Data から学習されます。

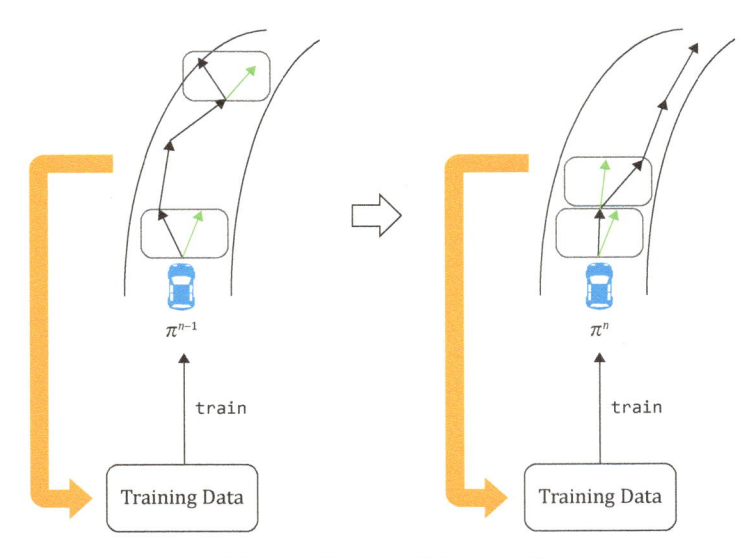

図 6-24　DAgger の学習ステップ

では、実際に DAgger のアルゴリズムを実装してみましょう。これから紹介するコードは、以下のファイルです。

IM/dagger.py

　模倣学習には模倣する対象となるエキスパートが必要なので、そのエキスパートを作成します。今回は、Day3 で実装した Q-learning で学習するエージェントをエキスパートとします。

code6-10

```python
import os
import argparse
import warnings
import numpy as np
from sklearn.externals import joblib
from sklearn.neural_network import MLPRegressor, MLPClassifier
import gym
from gym.envs.registration import register
register(id="FrozenLakeEasy-v0", entry_point="gym.envs.toy_text:FrozenLakeEnv",
         kwargs={"is_slippery": False})


class TeacherAgent():

    def __init__(self, env, epsilon=0.1):
        self.actions = list(range(env.action_space.n))
        self.epsilon = epsilon
        self.model = None

    def save(self, model_path):
        joblib.dump(self.model, model_path)

    @classmethod
    def load(cls, env, model_path, epsilon=0.1):
        agent = cls(env, epsilon)
        agent.model = joblib.load(model_path)
        return agent

    def initialize(self, state):
        # Only state => action projection is needed.
        self.model = MLPRegressor(hidden_layer_sizes=(), max_iter=1)
        # Warmup to use predict method.
        dummy_label = [np.random.uniform(size=len(self.actions))]
        self.model.partial_fit([state], dummy_label)
        return self
```

```python
    def estimate(self, state):
        q = self.model.predict([state])[0]
        return q

    def policy(self, state):
        if np.random.random() < self.epsilon:
            return np.random.randint(len(self.actions))
        else:
            return np.argmax(self.estimate(state))

    @classmethod
    def train(cls, env, episode_count=3000,  gamma=0.9,
              initial_epsilon=1.0, final_epsilon=0.1, report_interval=100):
        agent = cls(env, initial_epsilon).initialize(env.reset())
        rewards = []
        decay = (initial_epsilon - final_epsilon) / episode_count
        for e in range(episode_count):
            s = env.reset()
            done = False
            goal_reward = 0
            while not done:
                a =  agent.policy(s)
                estimated = agent.estimate(s)

                n_state, reward, done, info = env.step(a)
                gain = reward + gamma * max(agent.estimate(n_state))

                estimated[a] = gain
                agent.model.partial_fit([s], [estimated])
                s = n_state
            else:
                goal_reward = reward

            rewards.append(goal_reward)
            if e != 0 and e % report_interval == 0:
                recent = np.array(rewards[-report_interval:])
                print("At episode {}, reward is {}".format(
                        e, recent.mean()))
            agent.epsilon -= decay

        return agent
```

　環境も Day3 で使用した FrozenLake を使用します。そのための Observer を作
成します。

code6-11

```python
class FrozenLakeObserver():

    def __init__(self):
        self._env = gym.make("FrozenLakeEasy-v0")

    @property
    def action_space(self):
        return self._env.action_space

    @property
    def observation_space(self):
        return self._env.observation_space

    def reset(self):
        return self.transform(self._env.reset())

    def render(self):
        self._env.render()

    def step(self, action):
        n_state, reward, done, info = self._env.step(action)
        return self.transform(n_state), reward, done, info

    def transform(self, state):
        feature = np.zeros(self.observation_space.n)
        feature[state] = 1.0
        return feature
```

Observer では、transform により状態を整数からベクトルに変換しています。このベクトルは、長さが状態数で該当している状態の箇所に 1 が立っているベクトル（One-hot ベクトル）です。

そして、Teacher の行動から学習する Student を作成します。

code6-12

```python
class Student():

    def __init__(self, env):
        self.actions = list(range(env.action_space.n))
        self.model = None
```

```python
def initialize(self, state):
    self.model = MLPClassifier(hidden_layer_sizes=(), max_iter=1)
    dummy_action = 0
    self.model.partial_fit([state], [dummy_action],
                           classes=self.actions)
    return self

def policy(self, state):
    return self.model.predict([state])[0]

def imitate(self, env, teacher, initial_step=100, train_step=200,
            report_interval=10):
    states = []
    actions = []

    # Collect teacher's demonstrations.
    for e in range(initial_step):
        s = env.reset()
        done = False
        while not done:
            a = teacher.policy(s)
            n_state, reward, done, info = env.step(a)
            states.append(s)
            actions.append(a)
            s = n_state

    self.initialize(states[0])
    self.model.partial_fit(states, actions)

    print("Start imitation.")
    # Student tries to learn teacher's actions.
    step_limit = 20
    for e in range(train_step):
        s = env.reset()
        done = False
        rewards = []
        step = 0
        while not done and step < step_limit:
            a = self.policy(s)
            n_state, reward, done, info = env.step(a)
            states.append(s)
            actions.append(teacher.policy(s))
            s = n_state
            step += 1
        else:
            goal_reward = reward
```

```
            rewards.append(goal_reward)
            if e != 0 and e % report_interval == 0:
                recent = np.array(rewards[-report_interval:])
                print("At episode {}, reward is {}".format(
                        e, recent.mean()))

            with warnings.catch_warnings():
                # It will be fixed in latest scikit-learn.
                # https://github.com/scikit-learn/scikit-learn/issues/10449
                warnings.filterwarnings("ignore", category=DeprecationWarning)
                self.model.partial_fit(states, actions)
```

　imitate が処理の中心になります。まず、学習済みの teacher を使用し状態・行動のデータをとります。これが「エキスパートの行動」となります。そして、エキスパートの行動から学習することでモデルを初期化します。

　あとは Student の戦略で状態遷移を行うとともに、エキスパートの行動を収集し学習データに統合していきます。そして、統合した学習データから Student の戦略を更新する、というプロセスを繰り返します。

　なお、ここではエキスパートの戦略をそのまま使用していますが、実際は戦略が手に入らないことのほうが多いです（お手本の戦略がすでにあるなら、それを使えばよいため）。エキスパートの行動記録しかない場合は、そこから該当する状態での行動をサンプリングします。戦略が手に入る例としては、ルールベースでの戦略がそれなりに機能する場合などがあります。

　最後に、学習を実行するための処理を実装します。

code6-13

```
def main(teacher):
    env = FrozenLakeObserver()
    path = os.path.join(os.path.dirname( file ), "imitation_teacher.pkl")

    if teacher:
        agent = TeacherAgent.train(env)
```

```
        agent.save(path)
    else:
        teacher_agent = TeacherAgent.load(env, path)
        student = Student(env)
        student.imitate(env, teacher_agent)


if __name__ == "__main__":
    parser = argparse.ArgumentParser(description="Imitation Learning")
    parser.add_argument("--teacher", action="store_true",
                        help="train teacher model")

    args = parser.parse_args()
    main(args.teacher)
```

　--teacher の引数を指定することで Teacher の学習、指定しない場合 Student の
学習を行います。Student の学習には事前に Teacher の学習が必要なため、まず、
--teacher で Teacher の学習を行います。

code6-14

```
>python ./IM/dagger.py  --teacher
At episode 100, reward is 0.02
At episode 200, reward is 0.01
At episode 300, reward is 0.01
At episode 400, reward is 0.01
At episode 500, reward is 0.01
At episode 600, reward is 0.02
At episode 700, reward is 0.02
```

　続いて、引数を指定しないことで、Student の学習を行います。すると、Teacher
よりも（つまり、模倣しないよりも）速いスピードで学習ができていることがわか
ります。

code6-15

```
>python ./IM/dagger.py
Start Imitation
At episode 10, reward is 0.0
At episode 20, reward is 0.0
At episode 30, reward is 0.0
At episode 40, reward is 0.0
At episode 50, reward is 1.0
```

　最後に、GAIL（Generative Adversarial Imitation Learning）（参考文献［Day6-43]）について解説をしておきます。GAIL は、エキスパートの模倣を「見破られないように」行うという手法です。つまり、模倣する側と模倣を見破る側、2 つのモデルが存在します。このように一方は模倣（生成）、他方は鑑定を行うという設定で学習する枠組みを敵対的学習（Generative Adversarial Training）と呼びます。敵対的学習は画像の生成で良く用いられる手法ですが（Generative Adversarial Network：GAN と呼ばれます）、それを模倣学習に応用した手法になります。

　なお、GAIL を発表した論文自体は、本章で取り上げている模倣学習と逆強化学習の統合を目指した研究になっています。統合にあたっては多少複雑な展開があるのですが、最終的な GAIL のアルゴリズム自体はシンプルです。模倣側は戦略、見破る側はエキスパートの行動かどうかを 0/1 で判定する分類器で構成されます。前者は Day4 で紹介した TRPO で、後者は一般的な Adam で学習を行います。この実装は、OpenAI baseline にて確認することができます。

　模倣学習は、強化学習を実務に適用していくには欠かせないアルゴリズムになります。実務では OpenAI Gym のような環境が用意されていませんし、学習にかかる時間についても長時間だと実用的ではなく、まして学習が安定しないとなったら適用は不可能なためです。

　少ないデータで、人の望んでいる行動を短時間で学習させることのできる模倣学習は、その意味でとても重要な技術になります。この点については、Day7 でも触れていきます。

6.3.2　逆強化学習

　逆強化学習（Inversed Reinforcement Learning：IRL）は、エキスパートの行動を模倣するのでなく、その行動の背景にある報酬関数を推定することを目的としています。報酬関数を推定するメリットは3つあります。1点目は報酬を人が設計する必要がなくなる点です。これにより、Day5 で紹介したような意図しない行動が発生してしまうのを防げます。2点目は、他タスクへの転移に利用できる点です。3点目は、人間（や動物）の行動理解に使用できるという点です。"Learning strategies in table tennis using inverse reinforcement learning" では、卓球のプレイヤーがどこに打つべきと考えているのかを分析するのに逆強化学習を使用しています（図 6-25）。

(a) Reward function for table preferences

図 6-25　卓球において、推定した報酬のマップ
［Learning strategies in table tennis using inverse reinforcement learning, Figure7(a) より引用］

　2点目の、報酬関数の推定により他タスクへの転移が容易になる例を紹介します。自転車に乗るタスク（乗れている間は報酬が与えられるタスク）を考えてみましょう。模倣学習ではエキスパートの行動から自転車の乗り方を学習するのみですが、逆強化学習では自転車に乗り続けるために必要な行動（例えば姿勢の維持やペダルの漕ぎ方など）について報酬を与える関数を推定することになります。この報酬関数が手に入れば、ドメインが近しいタスク、例えば一輪車に乗るタスクを学習する際にも使える可能性があります。

　逆強化学習は主に以下の手順で行います。

1. エキスパートの行動を評価する（戦略、状態遷移など）。
2. 報酬関数の初期化を行う。
3. 報酬関数を利用し戦略を学習する。
4. 学習した戦略の評価が、エキスパートの評価結果（手順 1）と近しくなるよう報酬関数を更新する。
5. 手順 3 に戻る。

図にすると、以下のようになります。

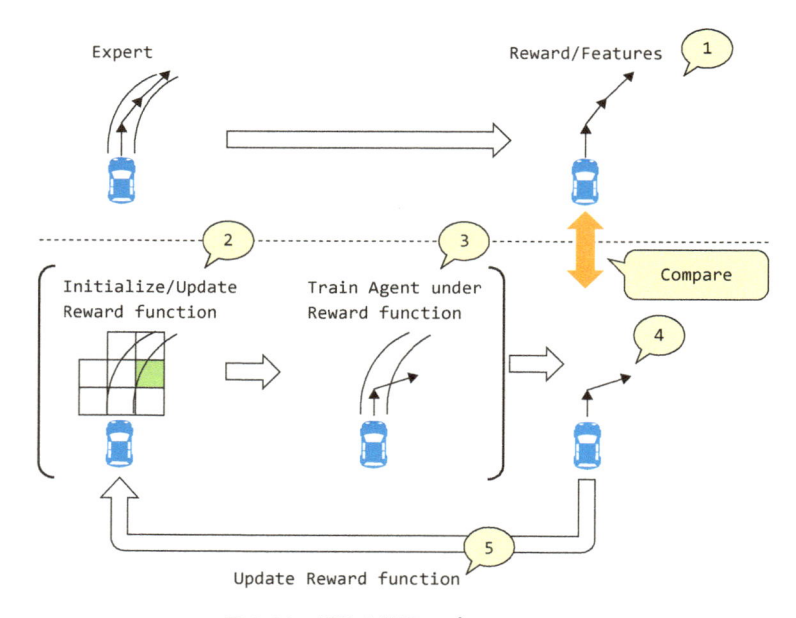

図 6-26　逆強化学習のプロセス

　この手順からわかる通り、逆強化学習は学習に時間がかかります。通常の強化学習では手順 3（報酬に基づきエージェントを学習する）だけでよいところを、エージェントの学習結果をもとに報酬関数を更新し手順 3 に戻る、という作業を繰り返す必要があるためです。まして深層強化学習のような手順 3 に何時間もかかるようなケースでは適用が難しいのが現状です。ただ後述しますが、この点につい

てはいくつか解決策が提案されています。

　逆強化学習の手法は、3つの観点で整理することができます。1点目は行動を評価する方法、2点目は報酬関数をモデル化する手法、3点目は最適化に使用している問題設定です。この3つの観点で手法をまとめたものが表6-3となります。

表6-3　逆強化学習のバリエーション

	行動の評価方法	報酬関数	問題設定
線形計画法	戦略	線形関数	Max Margin
AIRL	状態遷移	線形関数	Max Margin
Max Entropy	状態遷移	線形／非線形関数	Max Entropy
Bayesian	状態遷移	分布	ベイズ推定

　線形計画法（参考文献［Day6-45］）は、報酬で行動の評価を行います。エキスパートの行動は最良の行動であるはずなので、エキスパートの行動で得られる報酬は高く、それ以外の行動で得られる報酬は低くなるように、報酬の推定を行います。報酬の差（Margin）を最大化（Max）するため、Max Margin の問題設定となります。

　Max Margin の問題設定を、数式で表現してみます。初めにエキスパートの戦略とそうでない戦略を比較し、次にその差を最大化する、という順序で考えていきます。

　まず、状態の価値は以下の式で表せます。

$$V^{\pi}(s) = R(s) + \gamma \sum_{s'} P_{s,\pi(s)}(s') V^{\pi}(s')$$

　P は遷移確率で、$P_{s,a}$ は状態 s で行動 a をとった場合の遷移確率になります。ここでエキスパートの行動を a^* とし、どんな状態でも a^* をとるとすると、状態の記述を省略し以下のように書くことができます（「どんな状態でも」a^* なので、状態を明記する必要がない）。

$$V^\pi = R + \gamma P_{a^*} V^\pi$$

エキスパート以外の行動 P_a を常にとるケースも同様に考えることができます。この場合、エキスパートの行動より状態の価値は下がるはずです。

$$P_{a^*} V^\pi \geq P_a V^\pi$$

これを左辺によせてしまいます。

$$(P_{a^*} - P_a) V^\pi \geq 0$$

$V^\pi = R + \gamma P_{a^*} V^\pi$ より $V^\pi = (I - \gamma P_{a^*})^{-1} R$ のため、以下のように式変形できます。

$$(P_{a^*} - P_a)(I - \gamma P_{a^*})^{-1} R \geq 0$$

これがエキスパートの戦略とそうでない戦略を比較した場合の条件式になります。あとは左辺、つまりエキスパートの戦略とそうでない戦略との差がなるべく大きくなるようにすればよいです。

$$\text{maximize} \sum_{i=1}^{N} \min_{\forall a \in A \backslash a^*} \{(P_{a^*}(i) - P_a(i))(I - \gamma P_{a^*})^{-1} R\}$$

maximize の内側に min がついているのは、「エキスパートが獲得報酬のトップであるとき、2 位（エキスパートとの差が min であるもの）との差をなるべく離す」という意味です。

この式を解くにあたっては、もう少し制約を増やす必要があります。というのも、現状だと $R = 0$ をはじめとして条件を満たす報酬 R はたくさんあり、一意に特定することができないためです。そのため R の値について制約を加えます。最終的な Max Margin の問題設定は、以下のようになります。

$$\text{maximize} \sum_{i=1}^{N} \min_{\forall a \in A \setminus a^*} \{ (\boldsymbol{P}_{a^*}(i) - \boldsymbol{P}_a(i))(\boldsymbol{I} - \gamma \boldsymbol{P}_{a^*})^{-1} \boldsymbol{R} \} - \lambda ||\boldsymbol{R}||_1$$
$$\text{s.t. } (\boldsymbol{P}_{a^*} - \boldsymbol{P}_a)(\boldsymbol{I} - \gamma \boldsymbol{P}_{a^*})^{-1} \boldsymbol{R} \geq 0 \ ^{\forall}a \in A \setminus a^*$$
$$|\boldsymbol{R}_i| \leq R_{\max}, \ i = 1, \ ..., \ N$$

報酬 R の絶対値が $R_{\max}$ 以下であるとし（$|\boldsymbol{R}_i| \leq R_{\max}$, $i = 1, ..., N$）、また R の値が大きくなることに対するペナルティを導入しています（$-\lambda ||\boldsymbol{R}||_1$ = L1 正則化項）。いずれも、R をなるべく小さい値の範囲にするよう制約をかけています。

　AIRL（Apprenticeship learning via Inverse Reinforcement Learning）（参考文献［Day6-46］）では、状態遷移に注目します（なお、AIRL という略称は本書において表を書く際手法名が長すぎるため短縮したもので、一般的な略称ではありません）。エキスパートがたどる状態と、それ以外の戦略がたどる状態とでは、明らかに差があると見込まれます。そのため、報酬の推定方法としてエキスパートがよくたどる状態には高く、そうでない状態には低く報酬を設定するという方法が考えられます。つまり、状態遷移の特徴から報酬を計算するということです。AIRLも線形計画法と同じく「報酬の差」をなるべく広げるようにしますが、報酬が状態遷移の特徴に依存するかどうかという点が異なります。

　線形計画法、AIRL 双方で使用されている Max Margin の問題設定は、線形計画法（紛らわしいですが、ここでの「線形計画法」は最適化手法の 1 つです）で解くことが可能です。線形計画法とは制約条件や目的関数がすべて線形の関数で表現されているときに、それらを満たす／最大化する値を解く手法です。図 6-27 では、各線が x1, x2 に関する制約を表しており、色のついた範囲が制約を満たす解の存在する範囲になります。最適解は、頂点のいずれかになることが知られています。

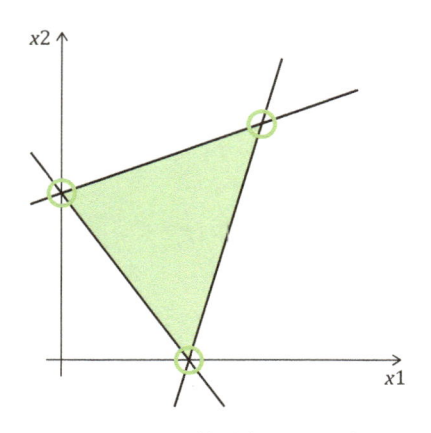

図 6-27　線形計画法の図式

　線形計画法で解く逆強化学習は本書で実装を紹介しませんが、scipy などのライブラリには線形計画法を実行するための機能が実装されています。

　Max Margin は、エキスパートの行動「以外」に着目しエキスパートとの差異を最大化していました。これに対し、Max Entropy と Bayesian はエキスパートの行動自体に着目し、エキスパートの行動が再現されるような報酬を推定する、というストレートなアプローチをとっています。

　Max Entropy（参考文献 [Day6-47]）は、AIRL と同じく状態遷移をもとに評価を行います。エキスパートの遷移した状態に高い報酬を設定するのが基本ですが、エキスパートが遷移していない状態については「なるべく均等な報酬を設定する」ようにします。つまり、エキスパートが遷移していない状態ではなるべくランダムな行動がとられるようにするということです。

　この設定は、私たちの行動に照らし合わせるととても自然です。知っている道なら知っているほうへ、知らない道なら棒を倒すなり、サイコロを転がすなり、「なるべくランダムに」行先を選択するのと同じ行動基準であるためです。なるべくランダム（＝等しい確率）で遷移先を選択するのは「エントロピーが高い」選択であるため、エントロピーを最大化する＝Max Entropy と呼ばれています。

　Max Entropy の問題設定をもう少し厳密に定義すると、「エントロピーを最大化する」ただし、「エキスパートの状態遷移とはなるべく近づける」という形になります。これは「エキスパートの状態遷移と近づける」という制約のもとで、エントロピーが最大になるような報酬を求めるとも言い換えられます。

　制約下でのエントロピー最大化はラグランジュの未定乗数法という手法で一般的に解くことが可能です。ものすごい難しそうな名前がついていますが、これは線形計画法と同じく制約条件があるときの最大化 / 最小化問題を扱うための手法です。大まかには、制約条件を目的関数の中に組み込んでしまう（目的関数内のペナルティ項として扱う（＝ラグランジュ緩和））、最大化 / 最小化問題を微分で解く、という点が線形計画法との違いになります。

　なお、「指定条件以外の箇所でエントロピーが最大になる分布」というのはすでにパターンが知られています（Principle of maximum entropy）。このパターンに沿い分布を選択すればエントロピーが最大になるのは保証されているため、あとは「エキスパートの状態遷移となるべく近づける」ことに集中すればよいことになります（いわゆる尤度最大化問題となります）。今回のケースに当てはめると、分布は以下のような形になります。

$$P(\zeta|\theta) = \frac{\exp(R(\zeta))}{\sum_{\zeta \in z} \exp(R(\zeta))}$$

　$P(\zeta|\theta)$ はパラメーター θ のもとでエキスパートの状態遷移 ζ が再現される確率です。$R(\zeta)$ は、エキスパートの状態遷移に対する報酬です。この分布では前述の通りエントロピーが最大になることが保証されているため、後は $P(\zeta|\theta)$ を最大化する θ を見つければよいことになります。ただ、式の中に θ が出てきていません。θ は、$R(\zeta)$ の定義で登場します。

$$R(\zeta) = \theta^T f$$

　AIRL にて「報酬が状態遷移の特徴に依存する」と解説しましたが、ここで状態遷移の特徴が f、それに対する係数が θ となります。つまり、状態遷移の特徴を

引数にとる関数の出力値として、報酬が定義されているということです。

　では、状態遷移の特徴 f とはどのように計算されるのでしょうか。その定義は、以下のようになっています。

$$f = \sum_{s \in \zeta} \phi(s)$$

　状態遷移 ζ でたどった各状態 s を、関数 ϕ で特徴に変換し合計しています。ϕ が単純に状態を One-hot ベクトルに変換する関数である場合、f は状態遷移 ζ で到達した状態をカウントしたものになります。f の計算過程を図解したものが、図 6-28 となります。

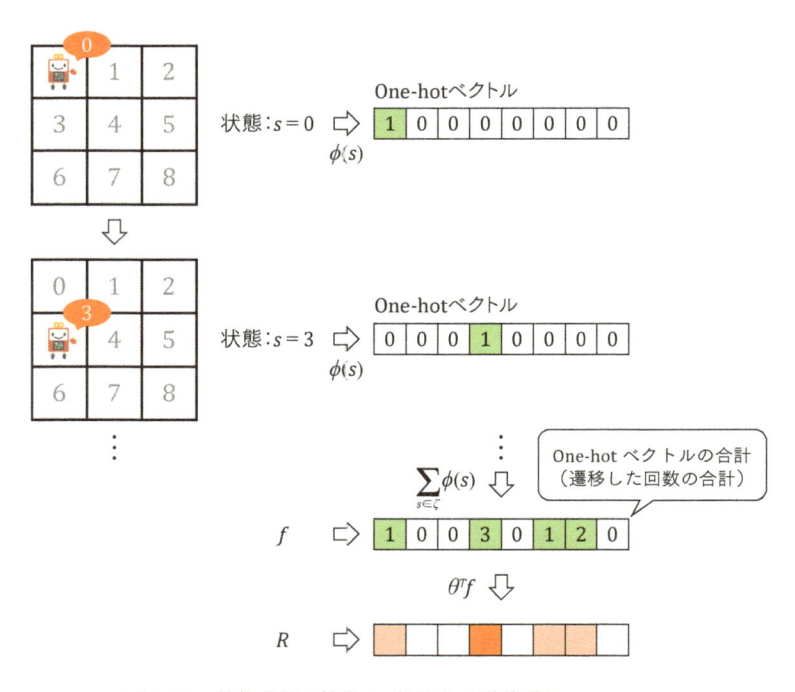

図 6-28　状態遷移の特徴 f、報酬 R の計算過程

報酬 $R(\zeta)$ は、こうして計算した状態遷移の特徴 f にパラメーター θ を掛けたものになります。あとは、$P(\zeta|\theta)$ を最大化する θ を求めるだけです。

$P(\zeta|\theta)$ を最大化する θ は、勾配法により求めることが可能です。勾配の導出は複雑になるため割愛しますが、端的には「エキスパートの状態遷移特徴」と「パラメーター θ（報酬 $R(\zeta)$）のもとで学習した戦略の状態遷移特徴」との差異になります。

$$\nabla \log P(\zeta|\theta) = f_{\text{expert}} - \sum_{\zeta} P(\zeta|\theta) f_{\zeta}$$

この勾配による最適化は、エキスパートの状態遷移に近くなるよう、θ を調整していくことと同義になります。

計算において一番手間となるのが、「パラメーター θ（報酬 $R(\zeta)$）のもとで学習した戦略の状態遷移特徴」の計算です。これを求めるには、θ から報酬を求め、その報酬のもとで戦略を最適化し、その戦略の状態遷移特徴を求める、というプロセスが必要になります。もちろん、θ の更新を終えたらまたこのプロセスを繰り返します。この点が、逆強化学習に時間がかかる理由となっています。

ただ、この計算を簡略化するための解決策がいくつか提案されています。Relative entropy IRL は（参考文献 [Day6-49]）は、戦略の最適化を回避するために重点サンプリングを使用する手法です。状態遷移の特徴の計算について、エキスパートの状態遷移に近い場合は高く、遠い場合は低く重みをつけて計算を行います。最適化された戦略でなくともそれに応じた重みがかかるため、戦略の学習を回避して f を求めることができます。Guided Cost Learning（参考文献 [Day6-50]）では学習した戦略から状態遷移の特徴を計算するための軌跡をサンプリングすることで、さらに効率を上げています。

では、実際に Max Entropy のアルゴリズムを実装してみましょう。数式を使った解説も多かったですが、最終的に行っていることは「エキスパートの状態遷移特徴と、パラメーター θ（報酬 $R(\zeta)$）における状態遷移特徴を近づける」という単純なものであるため、コードはそう複雑ではありません。

　ただ、「パラメーター θ（報酬 $R(\zeta)$）における状態遷移特徴」を計算するには、前述の通り「パラメーター θ（報酬 $R(\zeta)$）のもとで戦略を最適化する」というプロセスが必要になります。実装においては、与えられた報酬における戦略の最適化にDay2 で実装した動的計画法を使用しています。実装の詳細はすでに解説済みであるため割愛しますが、復習しておきたい方は以下のファイルに実装していますので参照してください。

- ■ IRL/planner.py：動的計画法で計画を立てる Planner の定義
- ■ IRL/environment.py：迷路の環境

　では、Max Entropy による逆強化学習の実装を行います。これから紹介するコードは、以下のファイルです。

IRL/ maxent.py

code6-16

```python
import numpy as np
from planner import PolicyIterationPlanner
from tqdm import tqdm


class MaxEntIRL():

    def __init__(self, env):
        self.env = env
        self.planner = PolicyIterationPlanner(env)

    def estimate(self, trajectories, epoch=20, learning_rate=0.01, gamma=0.9):
        state_features = np.vstack([self.env.state_to_feature(s)
                                    for s in self.env.states])
        theta = np.random.uniform(size=state_features.shape[1])
        teacher_features = self.calculate_expected_feature(trajectories)

        for e in tqdm(range(epoch)):
            # Estimate reward.
            rewards = state_features.dot(theta.T)

            # Optimize policy under estimated reward.
            self.planner.reward_func = lambda s: rewards[s]
```

```python
        self.planner.plan(gamma=gamma)

        # Estimate feature under policy.
        features = self.expected_features_under_policy(
                        self.planner.policy, trajectories)

        # Update to close to teacher.
        update = teacher_features - features.dot(state_features)
        theta += learning_rate * update

    estimated = state_features.dot(theta.T)
    estimated = estimated.reshape(self.env.shape)
    return estimated

def calculate_expected_feature(self, trajectories):
    features = np.zeros(self.env.observation_space.n)
    for t in trajectories:
        for s in t:
            features[s] += 1

    features /= len(trajectories)
    return features

def expected_features_under_policy(self, policy, trajectories):
    t_size = len(trajectories)
    states = self.env.states
    transition_probs = np.zeros((t_size, len(states)))

    initial_state_probs = np.zeros(len(states))
    for t in trajectories:
        initial_state_probs[t[0]] += 1
    initial_state_probs /= t_size
    transition_probs[0] = initial_state_probs

    for t in range(1, t_size):
        for prev_s in states:
            prev_prob = transition_probs[t - 1][prev_s]
            a = self.planner.act(prev_s)
            probs = self.env.transit_func(prev_s, a)
            for s in probs:
                transition_probs[t][s] += prev_prob * probs[s]

    total = np.mean(transition_probs, axis=0)
    return total
```

estimate が処理の中心ですが、最初に各状態を特徴に変換した行列を用意して

おきます。その後、報酬を計算するための係数であるパラメーター theta を初期化します。続いて、エキスパートの行動から calculate_expected_feature により状態遷移の特徴 f を計算しています。ここで、状態遷移の特徴 f は単純な遷移回数ではなく、遷移回数をもとにした確率となっています。

以降は、以下の手順を繰り返しています。

1. $R(\zeta) = \theta^T f$ に基づき報酬を計算する（state_features.dot(theta.T)）。
2. 計算した報酬のもとで、戦略を最適化する（self.planner.plan）。
3. 戦略から状態遷移の特徴 f を計算する（self.expected_features_under_policy）。
4. エキスパートの状態遷移特徴との差異で、theta を更新する。

戦略の状態遷移特徴は、self.expected_features_under_policy により計算しています。ここでは、エキスパートの行動と同じ初期状態から、同じタイムステップ分遷移した場合の遷移確率を計算しています。計算した状態遷移特徴をエキスパートのものと比較することで、更新を行います。

最後に、実行のための処理を実装します。

code6-17

```python
if __name__ == "__main__":
    def test_estimate():
        from environment import GridWorldEnv
        env = GridWorldEnv(grid=[
            [0, 0, 0, 1],
            [0, 0, 0, 0],
            [0, -1, 0, 0],
            [0, 0, 0, 0],
        ])
        # Train Teacher
        teacher = PolicyIterationPlanner(env)
        teacher.plan()
        trajectories = []
        print("Gather demonstrations of teacher.")
        for i in range(20):
            s = env.reset()
            done = False
```

```
            steps = [s]
            while not done:
                a = teacher.act(s)
                n_s, r, done, _ = env.step(a)
                steps.append(n_s)
                s = n_s
            trajectories.append(steps)

    print("Estimate reward.")
    irl = MaxEntIRL(env)
    rewards = irl.estimate(trajectories, epoch=100)
    print(rewards)
    env.plot_on_grid(rewards)

test_estimate()
```

実際に実行すると、結果は図 6-29 のようになります。

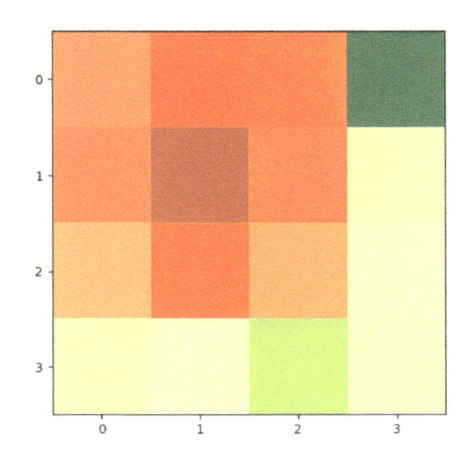

図 6-29　Max Entropy による逆強化学習の実行結果

　コード中の GridWorldEnv を初期化する箇所で実際の報酬を設定していますが、その設定をよく再現できていると思います（マイナスの報酬の位置が少しずれていますが）。報酬を変えてみて、推定される報酬マップがどのように変わるのかぜひ確認してみてください。

Max Entropy では、線形だけでなく非線形の報酬関数を推定することも可能です。"Maximum Entropy Deep Inverse Reinforcement Learning" では、状態遷移特徴から報酬を推定するのに DNN を利用しています。これにより複雑な報酬関数を表現することが可能です（図 6-30）。

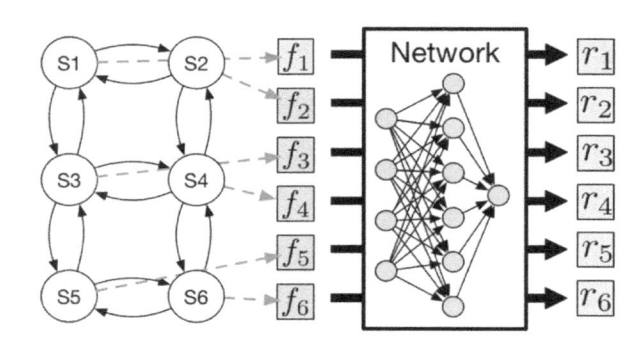

図 6-30　ニューラルネットワークによる、報酬関数の推定
[Maximum Entropy Deep Inverse Reinforcement Learning, Figure2 より引用]

以上で、Max Entropy の解説は終了です。続いて、Bayesian による逆強化学習を見ていきます。

Bayesian（参考文献 [Day6-52]）は、その名の通りベイズ推定の問題設定で報酬を推定する手法です。ベイズ推定とは、ベイズの定理に基づき確率分布を推定する方法です。ベイズの定理は、以下のようになります。

$$P(Y|X) = \frac{P(X|Y)P(Y)}{P(X)}$$

$P(Y|X)$ は、X が発生したうえで Y が発生する確率になります。いわゆる、条件付き確率です。ここで、$P(Y)$ は事前分布（X が発生する「前」の確率）、$P(Y|X)$ は事後分布（X が発生した「後」の確率）と呼ばれています。

ベイズ推定の式を逆強化学習に当てはめると、図 6-31 のようになります。

設定した報酬で
エキスパートの行動が
再現される確率（尤度）

設定した報酬になる
確率（事前分布）

$$P(R|\zeta) = \frac{P(\zeta|R)P(R)}{P(\zeta)}$$

図 6-31　ベイズ推定による逆強化学習の問題設定

　エキスパートの行動はすでに与えられているため $P(\zeta)$ は無視し、「設定した報酬になる確率（事前分布）」と「設定した報酬でエキスパートの行動が再現される確率（尤度）」の掛け合わせが最大になる R を見つけます。

　ただ、この条件を満たす R はたくさんあることが予想されます。そのため、Max Entropy と同様に指定条件以外はエントロピーが最大になるような分布を選択します。これには一様分布や正規分布などがあるのですが、推定される報酬の特徴に応じて分布を選択することが可能です（多くの状態で報酬の差がほとんどない場合は、値が平均に集中する正規分布を選択するなど）。このように、報酬に応じて分布を選択できる点は Bayesian のメリットとなります。

　Bayesian の最適化には、MCMC（Markov Chain Monte Carlo, マルコフ連鎖モンテカルロ法）などの手法が用いられます。MCMC はサンプリングをベースにした手法で、パラメーターの生成器を作成し生成と評価を繰り返すことで徐々に当てはまりのよいパラメーターを生成していきます。通常のモンテカルロ法（強化学習におけるモンテカルロ法とは異なります）では単純に乱数を生成して探索を行うのですが、MCMC では前回の生成 / 評価結果をもとに連続的に（＝マルコフ連鎖で）探索を行っていきます。

　MCMC と進化戦略はとてもよく似ています。そのため、本書では Bayesian の最適化に先ほど学んだ進化戦略を適用します。TensorFlow に搭載された統計計算用のモジュールである tensorflow/probability を使用して MCMC で最適化するこ

とを検討していたのですが、本書執筆時点では tensorflow/probability がまだ開発版であったため採用を見送りました。出版される頃には正式版がリリースされている可能性があるため、本書のコードを参考にぜひ tensorflow/probability での実装にも挑戦してみてください。

　では、実装の解説を行っていきます。これから解説するコードは以下のファイルです。

IRL/bayesian.py

code6-18

```python
import numpy as np
import scipy.stats
from scipy.misc import logsumexp
from planner import PolicyIterationPlanner
from tqdm import tqdm


class BayesianIRL():

    def __init__(self, env, eta=0.8, prior_mean=0.0, prior_scale=0.5):
        self.env = env
        self.planner = PolicyIterationPlanner(env)
        self.eta = eta
        self._mean = prior_mean
        self._scale = prior_scale
        self.prior_dist = scipy.stats.norm(loc=prior_mean,
                                           scale=prior_scale)

    def estimate(self, trajectories, epoch=50, gamma=0.3,
                 learning_rate=0.1, sigma=0.05, sample_size=20):
        num_states = len(self.env.states)
        reward = np.random.normal(size=num_states,
                                  loc=self._mean, scale=self._scale)

        def get_q(r, g):
            self.planner.reward_func = lambda s: r[s]
            V = self.planner.plan(g)
            Q = self.planner.policy_to_q(V, gamma)
            return Q
```

```python
    for i in range(epoch):
        noises = np.random.randn(sample_size, num_states)
        scores = []
        for n in tqdm(noises):
            _reward = reward + sigma * n
            Q = get_q(_reward, gamma)

            # Calculate prior (sum of log prob).
            reward_prior = np.sum(self.prior_dist.logpdf(_r)
                                  for _r in _reward)

            # Calculate likelihood.
            likelihood = self.calculate_likelihood(trajectories, Q)
            # Calculate posterior.
            posterior = likelihood + reward_prior
            scores.append(posterior)

        rate = learning_rate / (sample_size * sigma)
        scores = np.array(scores)
        normalized_scores = (scores - scores.mean()) / scores.std()
        noise = np.mean(noises * normalized_scores.reshape((-1, 1)),
                        axis=0)
        reward = reward + rate * noise
        print("At iteration {} posterior={}.".format(i, scores.mean()))

    reward = reward.reshape(self.env.shape)
    return reward

def calculate_likelihood(self, trajectories, Q):
    mean_log_prob = 0.0
    for t in trajectories:
        t_log_prob = 0.0
        for s, a in t:
            expert_value = self.eta * Q[s][a]
            total = [self.eta * Q[s][_a] for _a in self.env.actions]
            t_log_prob += (expert_value - logsumexp(total))
        mean_log_prob += t_log_prob
    mean_log_prob /= len(trajectories)
    return mean_log_prob
```

　今回は、分布として正規分布を使用しています（scipy.stats.norm）。estimate が
処理の中心ですが、ここで行っているのは以下の手順です。

1.　報酬に加えるノイズを生成

2. ノイズを加えた報酬のもとでの戦略を最適化し、その戦略における Q 値を計算
3. 使用した分布に基づく、報酬の発生確率を計算（事前分布：`reward_prior`）
4. 報酬のもとでエキスパートの行動が再現される確率を計算（尤度：`self.calculate_likelihood`）
5. 事前分布と尤度から、事後確率を計算（`posterior`）
6. 事後確率の大きさに応じ、ノイズを基準となる報酬に反映

　確率は対数をとって計算しているため、掛け算は足し算、割り算は引き算として処理されます。`calculate_likelihood` における `expert_value` は対数をとっていないように見えますが、分母となる `logsumexp(total)` と同様指数をとってから対数をとっているとみなすため（`log(exp(expert_value))`）、結果として何も処理しない場合と同じ値になります。ノイズによる報酬の更新は、進化戦略で解説した処理と同じです。

　最後に、実行のためのコードを実装します。

code6-19

```python
if __name__ == "__main__":
    def test_estimate():
        from environment import GridWorldEnv
        env = GridWorldEnv(grid=[
            [0, 0, 0, 1],
            [0, 0, 0, 0],
            [0, -1, 0, 0],
            [0, 0, 0, 0],
        ])
        # Train Teacher
        teacher = PolicyIterationPlanner(env)
        teacher.plan()
        trajectories = []
        print("Gather demonstrations of teacher.")
        for i in range(20):
            s = env.reset()
            done = False
            steps = []
            while not done:
                a = teacher.act(s)
```

```
            steps.append((s, a))
            n_s, r, done, _ = env.step(a)
            s = n_s
        trajectories.append(steps)

    print("Estimate reward.")
    irl = BayesianIRL(env)
    rewards = irl.estimate(trajectories)
    print(rewards)
    env.plot_on_grid(rewards)

test_estimate()
```

このコードを実行すると、図 6-32 のような結果が得られます。

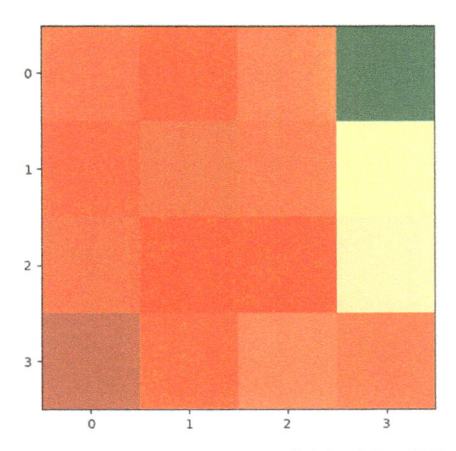

図 6-32　Bayesian による逆強化学習の結果

こちらも、Max Entropy 同様、推定ができていることがわかります。

　Bayesian は報酬の構造をある程度把握できている場合、かつそれを確率分布（＝事前分布）で表現できる場合、有効な手法となります。以上が、Bayesian の解説となります。

　Day6 では、強化学習の弱点を克服するためのさまざまな手法を紹介しました。

サンプル効率を改善する手法としては「環境認識の改善」を中心にとりあげ、モデルベースとモデルフリーを併用する Dyna、表現学習を使用した World Models について学びました。「環境認識の改善」以外の手法については、研究動向を紹介しました。再現性の低さへの対応としては、勾配法以外の学習方法として注目を集めている進化戦略について解説しました。最後に、局所最適な行動、過学習への対応として模倣学習と逆強化学習を学びました。

　Day6 の段階で、強化学習のメリットだけでなくその弱点方法と克服方法を学んだことになります。その意味では、実践の準備は整っているといえます。最後の Day7 では、実際に強化学習がどのような領域で活用されているのか、また活用が期待できるのかについて紹介をしていきたいと思います。

Day 7

強化学習の活用領域

　Day7 では強化学習の活用が行われている事例、また活用が見込まれる領域について紹介します。これまで実装してきた強化学習はゲームを解くことが中心で、学んで「面白いな」と思っても実際「役に立つ」のか疑問に思った方も多いと思います。本書の最後となる Day7 では、それについて回答を行うことを目的としています。

　ただ、強化学習の活用は現時点でそれほど進んでいるわけではありません。そのため、紹介する活用例はまだ確立されていないものがほとんどになります。執筆時点で手に入る限りの事例をもとに解説を行っていますが、活用方法は今後もどんどん変わっていくと思います。

　強化学習活用のスタイルは、以下 2 つに大別できます。

- **行動の最適化**
  - 制御（コントロール）
  - 対話（インタラクション）
- **学習の最適化**

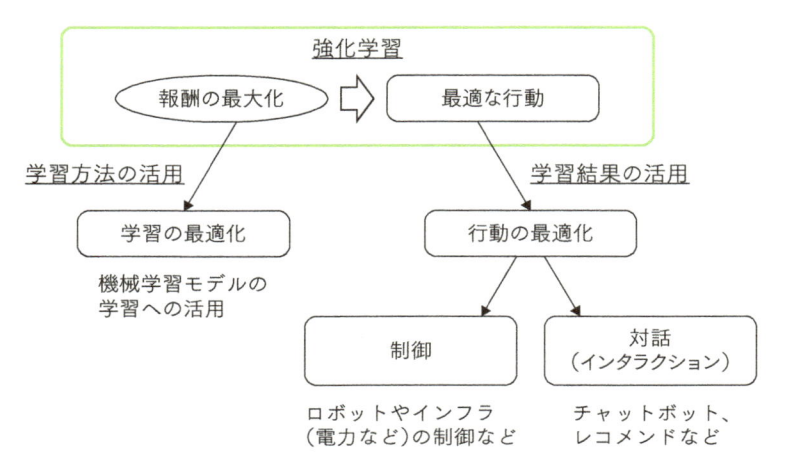

図 7-1　強化学習を活用する観点

　行動の最適化は、強化学習により獲得された行動をそのまま活用します。制御は
ロボットアームなどの操作、対話はチャットボットでの対話や広告配信などが該
当します。制御と対話の違いは、相手がいるかいないかの違いとなります。対話
の相手には独立した意思があり、そのため場合によっては対戦ゲームや協調ゲー
ムのような形にもなります。

　学習の最適化は、強化学習の「報酬の最大化」という学習プロセスを活用しま
す。例えば報酬を「機械学習モデルの精度」とし、行動を「機械学習モデルのパ
ラメーター調整」とすることで、強化学習の枠組みで機械学習モデルの最適化を
行うことができます。学習の最適化では、最終的に得たいのは最適化される対象
（先の例の場合は機械学習モデル）であって、強化学習で獲得される「行動」では
ない、という点が前者との違いとなります。その意味では、強化学習の「結果」で
ある行動を活用するか、「プロセス」である最適化方法を活用するかという違いと
なります。

　この2つの活用方法について、事例に基づき解説を行っていきます。本章を読
むことで、以下の点を理解できます。

- ■ 強化学習を活用する 2 つのパターン
- ■ 強化学習を活用する 2 つのパターンにおける研究と事例
- ■ 強化学習を活用する 2 つのパターンを実現するツール / サービス

では、始めていきましょう！

7.1　行動の最適化

　行動の最適化では、強化学習によりある目的（報酬）を達成する行動を獲得し、それを利用します。ロボット操作であればモノをとる、目的地まで行くといった行動、広告配信であればユーザーのクリックを促す広告の出し方などを獲得させます。うまく行動が獲得できれば、人の手を解さずに作業を行うことができます。

　行動の最適化において最大の障害となるのが、Day5 で見てきた強化学習の弱点です。すなわち、学習に時間がかかり、予想しない行動をする可能性があり、再現性が低い、という点です。行動の最適化のうち制御（コントロール）については、ミスが許されないような場合が多いです。機械の操作ミスなどは、業務において致命的となるためです。そのため、実務への応用に際しては Day6 で紹介した手法がフルに活用されています。

　Bonsai（https://bons.ai/）は、ミスが許容されないシステムへの強化学習の適用を行っている会社になります（2018 年 6 月に、Microsoft に買収されました）。こちらの会社では、ロボットに行動を学習させる際、達成しやすい行動に分解して学習させるという手法をとっています。これは、Day6 で紹介したカリキュラムラーニングと同様の手法です。

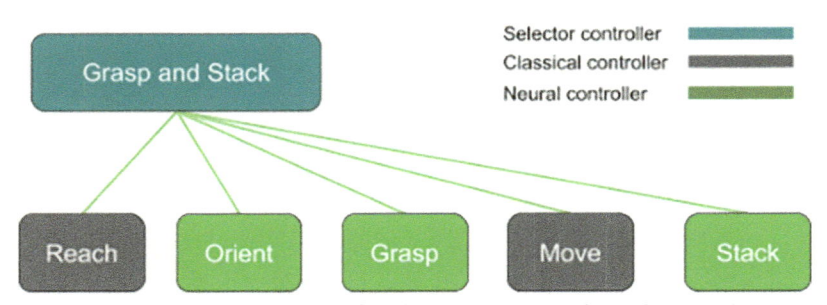

Selector controller
Classical controller
Neural controller
Grasp and Stack
Reach
Orient
Grasp
Move
Stack
Figure 2: Concept graph for the Grasping and Stacking task.

図 7-2　Bonsai における、物体を握って積むというタスクの分解
［https://bons.ai/blog/robotics-blog より引用］

行動を分解することには、2 つのメリットがあります。1 点目は学習がしやすくなるという点です。「物体を握って積む」という行動を考えた場合、うまく握れても積むところまで成功しないと報酬が得られないのでは学習に時間がかかります。「握る」「持ち上げる」「積む」など、個々の行動に分解することで報酬達成までのタイムステップが短くなり、学習が容易になります。2 点目は、再利用しやすくなるという点です。先ほどの例でいえば、「握る」という行動が独立していれば「握ってレバーを倒す」という別の行動にも応用が可能になります。

模倣学習を利用している企業としては、covariant.ai（http://covariant.ai/）があります。こちらは模倣学習 / モデルベースの学習で多くの研究成果を出している UC Berkeley、また OpenAI Gym の開発を行っている OpenAI から出資を受けている会社です。会社についての情報はまだそれほど多くありませんが、ヘッドセット / マニピュレーターを使って人がロボットを動かすと、その動作を模倣学習で学び単独でも動けるようになる、という研究をしているようです。端的には、実動作によるロボットプログラミングを可能にしようとしている、といえます。

対話（インタラクション）への適用は、制御に比べ失敗のリスクが低い場合が多いです。具体的には広告配信やレコメンドなどですが、これらは間違えてしまってもそれほど大事にはなりません。そのため、強化学習が割合そのまま適用されています。

　対話の代表格である会話については、まだ教師あり学習やルールベースが主流です。しかし、Alexa Prize という Amazon Alexa を使用した対話システムのコンペティションを見ると、会話において強化学習の存在感が高まっていることを感じることができます。このコンテストは大学の研究者を対象としたコンペティションで、ユーザーと日常会話を行う socialbot を開発するものです。対話の時間と品質で評価され（品質は対話した人間が 5 段階で評価します）、評価 4 以上で 20 分間対話できれば 100 万ドルの研究費が賞金とは別に贈呈されます。2017 年から開催されており、2018 年も継続して開催が行われています（図 7-3）。

図 7-3　Amazon Alexa Prize（2018）
[https://developer.amazon.com/alexaprize より引用]

　Alexa Prize 2017 にて選出された 15 チームのうち、実に 13 チームが強化学習の活用について言及しています。チームによって強化学習の利用に温度差はあるのですが（実際トップ 3 チームは言及しているだけで使ってはいないのですが…）、会話を改善するために有用という認識はされているといえます。2015 年 Apple に買収された VocalIQ の Steve Young 教授も、会話への強化学習の適用に前向きなコメントをしています（"Siri May Get Smarter by Learning from Its Mistakes"）。こうした流れを見ると、対話サービスに対する強化学習の適用は、目前にまで来ているのかもしれません。

　広告配信・レコメンドについては Day3 で扱った多腕バンディットの手法がよく用いられています。ユーザーに広告を配信する際、探索が多いほど正確な配信

が可能になりますが、探索しすぎているとユーザーがそっぽを向いてしまうといういうトレードオフがあります。これはまさに「探索と活用のトレードオフ」そのものです。実際は、ユーザーの属性やレコメンドするアイテムの属性がわかっているため、そうした情報を使った Contextual Bandit という手法がよく用いられます。

　多腕バンディットの手法の1つである Contextual Bandit には多くの実例があります。LinkedIn における広告レイアウトの最適化（"Automatic Ad Format Selection via Contextual Bandits"）、Yahoo におけるニュース推薦の最適化（"A Contextual-Bandit Approach to Personalized News Article Recommendation"）などです。Netflix では、同じ映画タイトルであってもユーザーによって好む場面（あるいは出演者）が異なることから、表示されるアートワークをパーソナライズするのに使用しています（図 7-4）。

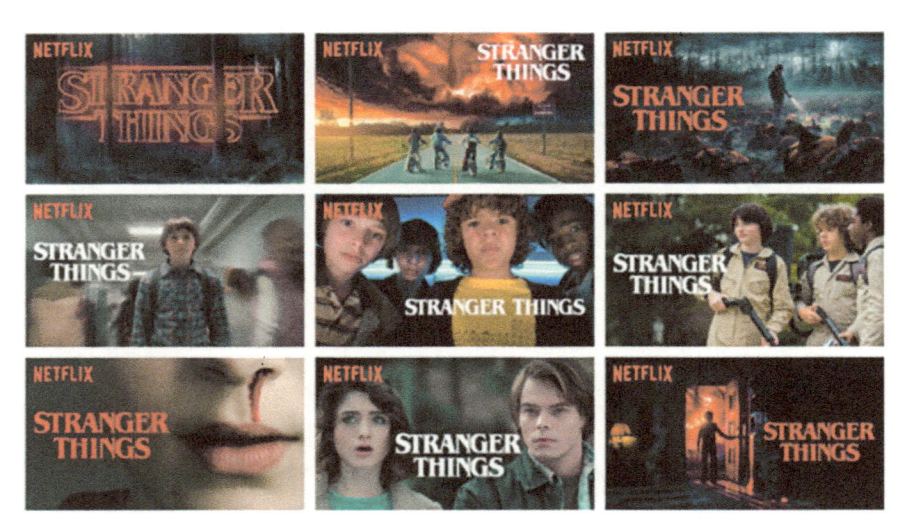

図 7-4　Artwork Personalization at Netflix
[https://medium.com/netflix-techblog/artwork-personalization-c589f074ad76 より引用]

　応用例を概観すると、「行動の最適化」は対話（インタラクション）での事例が多いといえます。特に Click Through Rate（広告が表示された回数のうち、実際にクリックされた率のこと）のように、評価指標が明確に数値で算出できる場面で

適用しやすいです。その意味では、評価指標（KPI：Key Performance Indicator）の設計と算出方法の定義は、強化学習の活用にとって重要です。近年では IoT 技術の発達により Web 上だけでなく物理的なデータもとれるようになってきているため、応用範囲も広がってくると思います。例えば、作物の生育状況を画像やセンサーから認識し、最適な水や肥料の出し方を学習するといった事例がすでにあります（When AI Steers Tractors: How Farmers Are Using Drones And Data To Cut Costs）。

　実際に「行動の最適化」を行うにあたっては、多くの開発を支援するツールが公開されています。制御（コントロール）と対話（インタラクション）、それぞれで使えるツールを紹介します。

　Unity ML-Agents は、Unity というゲームの開発を行うソフトウェア上で強化学習を行うためのライブラリです。Unity はゲーム開発のソフトウェアなので、リッチな 3D 環境などを作成することが可能です。

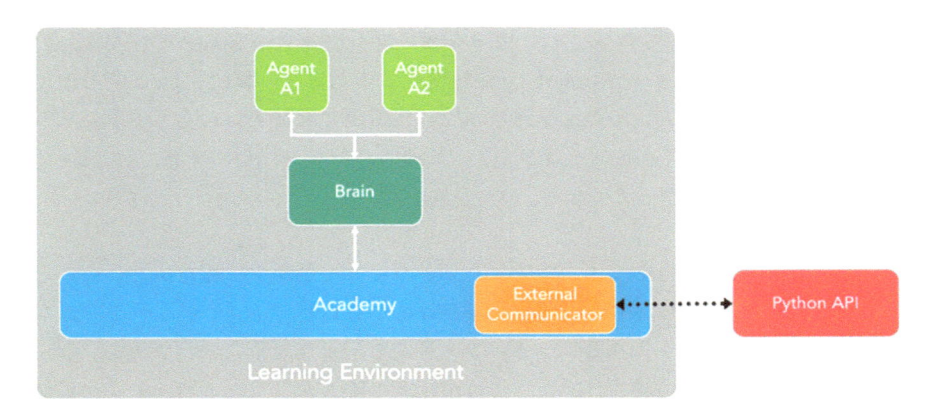

図 7-5　Unity ML-Agents の構成
[https://github.com/Unity-Technologies/ml-agents/blob/master/docs/ML-Agents-Overview.md より引用]

　図 7-5 では、Learning Environment が環境、Academy が環境におけるステップごとの処理やリセット方法などを定義します。OpenAI Gym に置き換えると、Atari のゲームなどが Learning Environment、それを扱うための Gym の環境（Pong-v0

など）が Academy に相当します。

　Agent は、Agent の行動と報酬などを定義します。ゲーム的に説明すると、A ボタンならジャンプ、敵に当たったら報酬が−1、などです。Agent と Academy を接続する Brain が、行動を制御するための本体となります。この Brain には Python API を通じ外部から制御する方法（External）と、学習済みのモデルを組み込む方法（Internal）などの種類があります。

　Unity ML-Agents では学習済みモデルが提供されているほか、模倣学習もサポートされています。開発も活発であるため、今後も機能が追加されていくと思います。

　pybullet は、オープンソースの物理シミュレーターである Bullet の Python インターフェースとなります（図 7-6）。強化学習における物体制御では MuJoCo という物理シミュレーターが使われることが多いのですが、MuJoCo は商用ライセンスのソフトウェアであるため購入が必要です。そこで pybullet では pybullet-gym という MuJoCo で作成された環境をオープンソースの Bullet で作り直した環境を提供しています。pybullet-gym を使用することで、MuJoCo と同等の環境での学習はもちろん、Bullet を通じ作成した環境で学習することも可能になります。OpenAI が提供しているロボットシミュレーション環境である roboschool も、Bullet ベースになっています。

　シミュレーターだけでなく、実際にハードウェアを動かしてみたいということもあるでしょう。SenseAct では、市販されているロボット（ロボットアームなど）を OpenAI Gym と同様のインターフェースで学習させることができるフレームワークを提供しています。しかし、ロボットの購入というのはハードルが高いでしょう。そこでご紹介するのが、Gym-Duckietown です。

図 7-6　Bullet を使用したシミュレーション環境
［Bullet Real-Time Physics Simulation より引用］

図 7-7　Duckietown を実際に組み立てた様子
［'Duckietown' is an Open-Source MIT Class &
Computer-Vision Self-Driving Robot for #RaspberryPi より引用］

　Gym-Duckietown は、Duckietown を学習するための環境です。Duckietown とは、RaspberryPi という小型のコンピューター基盤を使って組み立てるラジコンです（図 7-7）。シミュレーター上で学習を行うための MultiMap-v0 と、実際のラジコンで学習するための Duckiebot-v0 という、2 つの環境が提供されています。

これにより、シミュレーター上の学習から実世界への転移を手軽に試すことが可能です。RaspberryPi を使ってラジコンを作るのが難しい、という方は Amazon が 2018 年に発表した DeepRacer というラジコンでも同様の学習を試すことが可能です（ただ、執筆時点においては残念ながら日本での発売は予定されていません）。

　Microsoft の提供する AirSim は自動運転車 / ドローンのシミュレーション環境です。こちらは Unity と同種の Unreal Engine というゲームエンジンをベース開発されています。Unreal Engine は Unity よりもリアルな描写に強いエンジンで、図 7-8 も一見しただけでは現実のものと区別がつかないと思います（ただ、その分コンピューティングリソースも消費します）。

図 7-8　AirSim 内の画像
［AirSim Demo より引用］

　AirSim はロボットを操作するフレームワーク / ライブラリである ROS への対応を進めています。そのため、今後は AirSim で学習した結果を実ロボットに搭載することも可能になるかもしれません。ROS は SoftBank の Pepper なども対応しており、世にある多くのロボットを ROS により操作することができます。AirSim と同様に Unreal Engine をベースにした強化学習環境としては、Holodeck があり

ます。

　続いて、対話（インタラクション）の強化学習を支援するツールを2つ紹介します。1つ目はマルチエージェントの学習が可能な環境 Malmo、2つ目は対話モデルの開発・評価を行いやすくする環境である ParlAI です。対話タスクは対話相手（多くの場合人間）をモデル化する必要があるため、シミュレーション環境を作成するのが難しいという課題があります。応用例として紹介した広告配信やレコメンドでは、A/B テストといった実ユーザーを使った検証ができる環境で評価を行うことが多いです。物理シミュレーターと現実のギャップは少なくなっていますが、モデル化されたユーザーと実ユーザーの乖離はまだ大きいのが現状です。この点を克服していくことは、対話に強化学習を応用していくうえで重要な課題だと思います。

　Malmo はエージェント間、またエージェントと人間の間の協調行動を学習させることができるフレームワークです（図7-9）。Minecraft というブロックで構築された世界を冒険するゲームをベースにしており、例えば一緒にブロックを積んで家を建てるといった行動を学習させることができます。

図7-9　Malmo におけるシミュレーション環境
[Project Malmo より引用]

　ParlAI は対話システムの構築を容易にするためのプラットフォームです（図7-10）。執筆時点では強化学習に対応していませんが、SQuAD や bAbI、Ubuntu Dialog といった著名な質問応答 / 対話系のデータセットを使った学習が簡単に行えるようになっています。Amazon Mechanical Turk というクラウドソーシング

のサービス、また Facebook Messenger との連携が可能なため、実際の人間との会話、人手による応答評価を行うことも可能です。

図 7-10　facebookresearch/ParlAI
［https://github.com/facebookresearch/ParlAI より引用］

　ParlAI を公開している Facebook からは、Horizon という強化学習の実用化を促進するフレームワークも公開されています。高機能な学習環境がたくさんあることに、驚かれた方も多いと思います。強化学習の応用はまさに進んでいる最中であり、その進化は研究成果やツールをシェアするというオープンソースの精神に支えられています。

7.2　学習の最適化

　学習の最適化では、強化学習の「報酬をもとに最適化を行う」という学習プロセスを活用したものになります。近年の深層学習モデルは勾配法により最適化を行うことが多いですが、この場合当然「勾配」が計算できる必要があります。Day4 で使用した二乗誤差などは勾配の計算が可能ですが、中には計算できない指標もあります。翻訳や要約、また検索システムなどではそうした指標が評価に使われており、評価スコアを勾配法で直接最適化することが困難です。

　強化学習を用いれば、勾配の計算ができないスコアでもその値を「報酬」と設定することで直接モデルを最適化することができます。これが、強化学習を学習の最適化に使用するメリットとなります。本節では、強化学習によるモデルのパラメーターの最適化と、構造の最適化について紹介を行います。

　強化学習によりモデルのパラメーターを最適化する事例として、自然言語処理

における要約と化学物質の構造を生成する事例を紹介します。

"A Deep Reinforced Model for Abstractive Summarization" は、要約の評価指標である ROUGE スコアを報酬として、モデルの最適化を行った研究です。ROUGE とは、端的には人間が作成した要約とモデルが生成した要約との近さを測る指標です。ROUGE を算出する Scorer のスコアを報酬として、要約（Summary）を生成する Model を更新します（図 7-11）。通常の教師あり学習に加えて強化学習を併用することで、正解として与えた要約「そのまま」ではなく、ある程度バリエーションのある要約の生成が可能になったとしています。

図 7-11　ROUGE を報酬としてモデルの学習を行う
［Your TL; DR by an AI: A Deep Reinforced Model for Abstractive Summarization, Figure 7 より引用］

"MolGAN: An implicit generative model for small molecular graphs" は、化学物質構造の生成に強化学習を利用した研究です。この研究では、生成した構造が特定の化学的性質を持つ場合に報酬を与えています。これにより、モデルが優秀な化学物質構造を生成できるよう学習させています（図 7-12）。

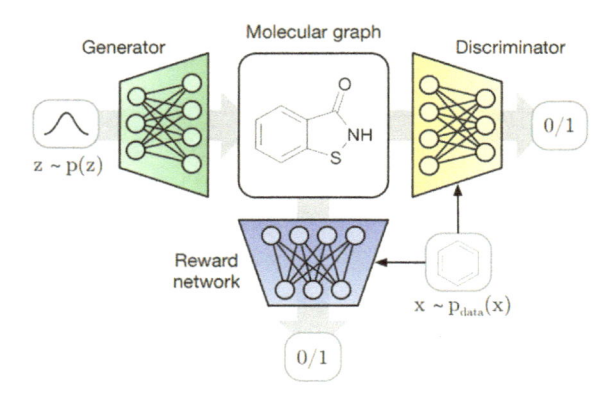

図 7-12　強化学習による化学物質構造生成の最適化
［MolGAN: An implicit generative model for small molecular graphs, Figure1 より引用］

　以上が、強化学習でモデルのパラメーターを最適化する事例です。続いて、モデルの構造自体を最適化する事例について紹介します。

　モデルの構造を獲得する研究は、近年活発に行われています。2018 年時点では、最も転移性能の高い画像認識モデルは自動探索で発見されたモデルです（詳細は "Do Better ImageNet Models Transfer Better?" を参照してください）。このモデルは NASNet と呼ばれ、"Learning Transferable Architectures for Scalable Image Recognition" にて、自動探索により発見されました。なお、探索には本書でも紹介した PPO が利用されています。

　モデルの構造探索が行われている背景には、深層学習モデルの設計、またハイパーパラメーターの設定が困難であることがあります。どのようなネットワーク構造にするか、どのような設定値（ハイパーパラメーター）で学習するかはバリエーションが非常に多く、そのうえとてもセンシティブです。これを人間が 1 つずつ試すのは現実的ではないため、ハイパーパラメーターの設定、ひいてはモデルの構築までを「自動化」する試みが行われています。

　Google はデータに合わせたモデルの構造探索を、すでに AutoML というサービスとしてリリースしています（図 7-13）。AutoML が本格的に使えるようになれ

ば、現在機械学習のエキスパートに依頼しなければならないモデルの構築を、エンドユーザー自らが行えるようになるかもしれません。

図 7-13　Google Cloud Platform AutoML
［https://www.youtube.com/watch?v=GbLQE2C181U より引用］

　画像認識においては転移学習だけでも十分な精度がでるため、モデルの構造探索まで必要なケースは稀かもしれません。しかし、目的（報酬）が定まればモデルの構築をコンピューターに任せられるのは大きなメリットです。Google ではモバイル端末用の機械学習モデルの開発（"MnasNet: Platform-Aware Neural Architecture Search for Mobile"）、また画像をモデルに入力する際の前処理にも自動探索を適用しています（"AutoAugment: Learning Augmentation Policies from Data"）。

　少し横道にそれますが、「学習の最適化」は機械学習モデルだけでなく人間を対象に行うことも研究されています。つまり、人間の学習成果が最大になるよう、強化学習モデルが学習プログラムを組んでくれるということです。"New Potentials for Data-Driven Intelligent Tutoring System Development and Optimization" では、教育ソフトへの機械学習の適用事例がまとめられています。ここで紹介されている "An Evaluation of Pedagogical Tutorial Tactics for a Natural Language Tutoring System: A Reinforcement Learning Approach" という研究では、強化学習により学習コンテンツの出し方を制御することで、生徒の学習効果が高まることを確認しています。

　学習の最適化を支援するツールとしては、Auto-Keras があります。本書で使用した Keras を使いモデルのハイパーパラメーターと構造の自動探索を行ってくれるライブラリで、2018 年時点ではまだ pre-release ですが実際に手元で試してみることが可能です。

　強化学習の活用、というとまずゲームやロボットなどが思い浮かぶと思います。しかし、そうした「行動の最適化」は強化学習の 1 つの特性に過ぎません。「学習の最適化」という強化学習のもう 1 つの特性は、より幅広い分野での強化学習の活用を可能にします。

　本章では、強化学習の活用領域と活用を支えるツールを紹介しました。紹介するにあたり、活用方法を 2 つの観点に分けました。1 点目は強化学習の結果である最適な行動を活用する「行動の最適化」、2 点目は強化学習の学習プロセスを活用する「学習の最適化」でした。1 点目の「行動の最適化」では、制御としてロボット操作などの事例、対話（インタラクション）として会話や広告配信の最適化などの事例を紹介しました。2 点目の「学習の最適化」では、強化学習による機械学習モデルのハイパーパラメーターの最適化、またモデル構築の自動化といった事例を紹介しました。いずれも、事例だけでなく開発を支援するツールも確認しました。これらの情報から、強化学習の活用が夢物語ではないことを感じていただけたと思います。

　強化学習は、一見ゲームをするだけで現実には応用できない手法に感じられるかもしれません。しかし、その弱点を知り妥当な対策をとることで、実際にサービスやソリューションに活用することができます。Day7 で見てきた事例はそれが真実であることを示しています。そして、開発されるさまざまなツールはさらなる事例の実現、さらなる高度なタスクへの応用を後押ししてくれています。

　これまでの歩みを振り返ってみましょう。Day1 から Day4 では初歩的な所から強化学習を学びました。そして Day5 では今まで学んでいた強化学習の弱点、Day6 ではその克服方法を学びました。そして本章、Day7 では実際に強化学習が活用されている事例、活用するためのツールを確認しました。この構成は、本書を単純に強化学習を学ぶ本ではなく、活用するための扉を開くものにしたかった

ためです。

　強化学習の活用は、まだ進んでいるとは言い難い状況です。しかし、これは逆にいえば多くのチャンスが眠っているということです。本書を通じ、多くの方がこのチャンスをつかんでくれることを願ってやみません。本書が改訂される機会に恵まれた場合は、ぜひあなたが生み出した事例を取り上げさせていただければと思います。

Day After

参考文献

　ここでは、本書を書くにあたり参考にした文献についてご紹介します。各セクションごとに、本文での言及順に並べています（これは、参照をしやすくするための措置です）。Day0 については、強化学習全般の解説資料を紹介します。

Day0

　本書では扱わなかった範囲、また本書で省略している数式的な解説・証明について理解を深めたい方に以下の文献・サイトを推奨します。

[1]　Reinforcement Learning: An Introduction
　　　強化学習の大家である Richard S. Sutton 先生と Andrew G. Barto 先生により執筆されている強化学習の書籍です。第 2 版のドラフトが、オンラインで無料で公開されています。本書はとても読みやすく式展開も丁寧です。サンプルコードも提供されており、充実の内容となっています。本書でもたびたび引用させていただいています。

[2]　UCL Course on RL
　　　UCL（University College London）で開講された強化学習の講座の資料です。本書の Day1 ～ Day3 を執筆する際、幾度となく参照しました。深層学習に関するコンテンツはあまり多くありませんが、基礎的なところからしっかりと学ぶことができます。

[3] dennybritz/reinforcement-learning
強化学習の実装例が集められた GitHub リポジトリです。単純に実装だけ
でなく、簡単な解説もついています。その解説は短いながらポイントを押
さえており、とてもわかりやすいです。本書のサンプルコードの実装を行
うにあたり参照させていただきました。

[4] DeepMind: Match 1 - Google DeepMind Challenge Match: Lee Sedol vs
     AlphaGo
[5] Tianhe Yu and Chelsea Finn. One-Shot Imitation from Watching Videos.
     2018.
[6] AI DJ Project
[7] Deep RL Bootcamp
[8] icoxfog417. 使い始める Git. 2018.
[9] icoxfog417/python_exercises

Day1

[1] Greg Brockman, Vicki Cheung, Ludwig Pettersson, Jonas Schneider, John
     Schulman, Jie Tang and Wojciech Zaremba. OpenAI Gym. arXiv preprint
     arXiv:1606.01540, 2016.
[2] Adam Roberts, Jesse Engel, Colin Raffel, Ian Simon and Curtis
     Hawthorne. MusicVAE: Creating a palette for musical scores with
     machine learning. 2018.
[3] Beat Blender
[4] Teachable Machine
[5] thibo73800/metacar

Day2

[1] Mario Martin. Reinforcement Learning Searching for optimal policies I:
     Bellman equations and optimal policies. 2011.

[2] Elena Pashenkova, Irina Rish and Rina Dechter. Value iteration and policy iteration algorithms for Markov decision problem. In AAAI Workshop on Structural Issues in Planning and Temporal Reasoning, 1996.

[3] Michael Herrmann. RL 8: Value Iteration and Policy Iteration. 2015.

Day3

[1] Richard S. Sutton and Andrew G. Barto. Reinforcement Learning: An Introduction. A Bradford Book, 1998.

[2] Christopher Watkins. Learning From Delayed Rewards. PhD thesis, Cambridge University, 1989.

Day4

[1] CS231n: Convolutional Neural Networks for Visual Recognition

[2] CS294-112: Deep Reinforcement Learning

[3] Deep RL Bootcamp

[4] MathWorks Convolutional Neural Network

[5] icoxfog417. Convolutional Neural Network とは何なのか. 2017.

[6] Fabian Pedregosa, Gaël Varoquaux, Alexandre Gramfort, Vincent Michel, Bertrand Thirion, Olivier Grisel, Mathieu Blondel, Peter Prettenhofer, Ron Weiss, Vincent Dubourg, Jake Vanderplas, Alexandre Passos, David Cournapeau, Matthieu Brucher, Matthieu Perrot and Édouard Duchesnay. Scikit-learn: Machine Learning in Python. JMLR 12, pp. 2825-2830, 2011.

[7] Martín Abadi, Ashish Agarwal, Paul Barham, Eugene Brevdo, Zhifeng Chen, Craig Citro, Greg S. Corrado, Andy Davis, Jeffrey Dean, Matthieu Devin, Sanjay Ghemawat, Ian Goodfellow, Andrew Harp, Geoffrey Irving, Michael Isard, Rafal Jozefowicz, Yangqing Jia, Lukasz Kaiser, Manjunath Kudlur, Josh Levenberg, Dan Mané, Mike Schuster, Rajat Monga, Sherry Moore, Derek Murray, Chris Olah, Jonathon Shlens, Benoit Steiner, Ilya Sutskever, Kunal Talwar, Paul Tucker, Vincent Vanhoucke,

Vijay Vasudevan, Fernanda Viégas, Oriol Vinyals, Pete Warden, Martin Wattenberg, Martin Wicke, Yuan Yu and Xiaoqiang Zheng. TensorFlow: Large-scale machine learning on heterogeneous systems. 2015.

[8]   François Chollet and others. Keras. 2015.

[9]   Pete Shinners and others. Pygame. 2001.

[10] Norman Tasfi. PyGame Learning Environment. GitHub repository, 2016.

[11] lusob/gym-ple

[12] Matthias Plappert. keras-rl. GitHub repository, 2016.

[13] Volodymyr Mnih, Koray Kavukcuoglu, David Silver, Alex Graves, Ioannis Antonoglou, Daan Wierstra and Martin Riedmiller. Playing Atari with Deep Reinforcement Learning. In NIPS Deep Learning Workshop, 2013.

[14] Ziyu Wang, Tom Schaul, Matteo Hessel, Hado van Hasselt, Marc Lanctot and Nando de Freitas. Dueling Network Architectures for Deep Reinforcement Learning. arXiv preprint arXiv:1511.06581, 2015.

[15] Hado van Hasselt, Arthur Guez, Matteo Hessel, Volodymyr Mnih, David Silver. Learning values across many orders of magnitude. In NIPS, 2016.

[16] Matteo Hessel, Hubert Soyer, Lasse Espeholt, Wojciech Czarnecki, Simon Schmitt and Hado van Hasselt. Multi-task Deep Reinforcement Learning with PopArt. arXiv preprint arXiv:1809.04474, 2018.

[17] Matteo Hessel, Joseph Modayil, Hado van Hasselt, Tom Schaul, Georg Ostrovski, Will Dabney, Dan Horgan, Bilal Piot, Mohammad Azar and David Silver. Rainbow: Combining Improvements in Deep Reinforcement Learning. arXiv preprint arXiv:1710.02298, 2017.

[18] Marc G. Bellemare, Will Dabney and Rémi Munos. A Distributional Perspective on Reinforcement Learning. In ICML, 2017.

[19] Volodymyr Mnih, Adria Puigdomenech Badia, Mehdi Mirza, Alex Graves, Timothy Lillicrap, Tim Harley, David Silver and Koray Kavukcuoglu. Asynchronous Methods for Deep Reinforcement Learning. In ICML, 2016.

[20] Lilian Weng. Policy Gradient Algorithms. 2018.

[21] Andrej Karpathy. Deep Reinforcement Learning: Pong from Pixels. 2016.

[22] John Schulman. The Nuts and Bolts of Deep RL Research. 2016.

[23] John Schulman, Sergey Levine, Philipp Moritz, Michael I. Jordan and Pieter Abbeel. Trust Region Policy Optimization. In ICML 2015.

[24] John Schulman, Filip Wolski, Prafulla Dhariwal, Alec Radford and Oleg Klimov. Proximal Policy Optimization Algorithms. arXiv preprint arXiv:1707.06347, 2017.

[25] David Silver, Guy Lever, Nicolas Heess, Thomas Degris, Daan Wierstra and Martin Riedmiller. Deterministic Policy Gradient Algorithms. In ICML, 2014.

[26] Timothy P. Lillicrap, Jonathan J. Hunt, Alexander Pritzel, Nicolas Heess, Tom Erez, Yuval Tassa, David Silver and Daan Wierstra. Continuous control with deep reinforcement learning. arXiv preprint arXiv:1509.02971, 2015.

[27] Felix Yu. Deep Q Network vs Policy Gradients - An Experiment on VizDoom with Keras. 2017.

[28] Andrew Ilyas, Logan Engstrom, Shibani Santurkar, Dimitris Tsipras, Firdaus Janoos, Larry Rudolph and Aleksander Madry. Are Deep Policy Gradient Algorithms Truly Policy Gradient Algorithms?. arXiv preprint arXiv:1811.02553, 2018.

[29] Zafarali Ahmed, Nicolas Le Roux, Mohammad Norouzi and Dale Schuurmans. Understanding the impact of entropy on policy optimization. arXiv preprint arXiv:1811.11214, 2018.

Day5

[1] Alex Irpan. Deep Reinforcement Learning Doesn't Work Yet. 2018.

[2] Matthew Rahtz. Lessons Learned Reproducing a Deep Reinforcement Learning Paper. 2018.

[3] Peter Henderson, Riashat Islam, Philip Bachman, Joelle Pineau, Doina Precup and David Meger. Deep Reinforcement Learning that Matters. arXiv preprint arXiv:1709.06560, 2017.

[4] Yuval Tassa, Yotam Doron, Alistair Muldal, Tom Erez, Yazhe Li, Diego de Las Casas, David Budden, Abbas Abdolmaleki, Josh Merel, Andrew

Lefrancq, Timothy Lillicrap and Martin Riedmiller. DeepMind Control Suite. arXiv preprint arXiv:1801.00690, 2018.

[5]   Scott Kuindersma, Robin Deits, Maurice Fallon, Andŕes Valenzuela, Hongkai Dai, Frank Permenter, Twan Koolen, Pat Marion and Russ Tedrake. Optimization-based locomotion planning, estimation, and control design for Atlas. Autonomous Robots, vol. 40, no. 3, pp. 429-455, 2016.

[6]   Marc Lanctot, Vinicius Zambaldi, Audrunas Gruslys, Angeliki Lazaridou, Karl Tuyls, Julien Perolat, David Silver and Thore Graepel. A Unified Game-Theoretic Approach to Multiagent Reinforcement Learning. In NIPS, 2017.

[7]   Cédric Colas, Olivier Sigaud and Pierre-Yves Oudeyer. How Many Random Seeds? Statistical Power Analysis in Deep Reinforcement Learning Experiments. arXiv preprint arXiv:1806.08295, 2018

[8]   Szymon Sidor and John Schulman. OpenAI Baselines: DQN. 2017.

[9]   Comet.ml

[10]   Prafulla Dhariwal, Christopher Hesse, Oleg Klimov, Alex Nichol, Matthias Plappert, Alec Radford, John Schulman, Szymon Sidor, Yuhuai Wu and Peter Zhokhov. OpenAI Baselines. GitHub repository, 2017.

[11]   Michael Schaarschmidt, Alexander Kuhnle and Kai Fricke. TensorForce: A TensorFlow library for applied reinforcement learning. 2017.

[12]   chainer/chainerrl

[13]   Marc G. Bellemare, Pablo Samuel Castro, Carles Gelada, Saurabh Kumar and Subhodeep Moitra. Dopamine. 2018.

Day6

[1]   Richard S. Sutton. Dyna, an integrated architecture for learning, planning, and reacting. In AAAI, 1991.

[2]   Anusha Nagabandi, Gregory Kahn, Ronald S. Fearing and Sergey Levine. Neural Network Dynamics for Model-Based Deep Reinforcement Learning with Model-Free Fine-Tuning. arXiv preprint arXiv:1708.02596,

2017.

[3]　Vitchyr Pong, Shixiang Gu, Murtaza Dalal and Sergey Levine. Temporal Difference Models: Model-Free Deep RL for Model-Based Control. In ICLR, 2018.

[4]　David Silver, Richard S. Sutton and Martin Mueller. Temporal-Difference Search in Computer Go. Machine Learning, vol. 87, no. 2, pp. 183-219, 2012.

[5]　Cameron B. Browne, Edward Powley and Daniel Whitehouse. A Survey of Monte Carlo Tree Search Methods. IEEE Transactions on Computational Intelligence and AI in Games, vol. 4, no. 1, pp. 1-43, 2012.

[6]　Giuseppe Cuccu, Julian Togelius and Philippe Cudre-Mauroux. Playing Atari with Six Neurons. arXiv preprint arXiv:1806.01363, 2018.

[7]　David Ha and Jürgen Schmidhuber. World Models. arXiv preprint arXiv:1803.10122, 2018.

[8]　Anusha Nagabandi and Gregory Kahn. Model-based Reinforcement Learning with Neural Network Dynamics. 2017.

[9]　Holly Grimm. Week 6: Model-based RL. 2018.

[10]　Timothée Lesort, Natalia Díaz-Rodríguez, Jean-François Goudou and David Filliat. State Representation Learning for Control: An Overview. arXiv preprint arXiv:1802.04181, 2018.

[11]　Yusuf Aytar, Tobias Pfaff, David Budden, Tom Le Paine, Ziyu Wang and Nando de Freitas. Playing hard exploration games by watching YouTube. arXiv preprint arXiv:1805.11592, 2018.

[12]　Ke Li and Jitendra Malik. Learning to Optimize. In ICLR, 2017.

[13]　Ke Li. Learning to Optimize with Reinforcement Learning. 2017.

[14]　Irwan Bello, Barret Zoph, Vijay Vasudevan and Quoc V. Le. Neural Optimizer Search with Reinforcement Learning. In ICML, 2017.

[15]　Meng Fang, Yuan Li and Trevor Cohn. Learning how to Active Learn: A Deep Reinforcement Learning Approach. In EMNLP, 2017.

[16]　Chelsea Finn, Pieter Abbeel and Sergey Levine. Model-Agnostic Meta-Learning for Fast Adaptation of Deep Networks. In ICML, 2017.

[17]　Ignasi Clavera, Jonas Rothfuss, John Schulman, Yasuhiro Fujita, Tamim

Asfour and Pieter Abbeel. Model-Based Reinforcement Learning via Meta-Policy Optimization. arXiv preprint arXiv:1809.05214, 2018.

[18] Chrisantha Fernando, Dylan Banarse, Charles Blundell, Yori Zwols, David Ha, Andrei A. Rusu, Alexander Pritzel and Daan Wierstra. PathNet: Evolution Channels Gradient Descent in Super Neural Networks. arXiv preprint arXiv:1701.08734, 2017.

[19] Samuel Barrett, Matthew E. Taylor and Peter Stone. Transfer Learning for Reinforcement Learning on a Physical Robot. In AAMAS-ALA, 2010.

[20] Andrei A. Rusu, Mel Vecerik, Thomas Rothörl, Nicolas Heess, Razvan Pascanu and Raia Hadsell. Sim-to-Real Robot Learning from Pixels with Progressive Nets. arXiv preprint arXiv:1610.04286, 2016.

[21] Konstantinos Bousmalis, Alex Irpan, Paul Wohlhart, Yunfei Bai, Matthew Kelcey, Mrinal Kalakrishnan, Laura Downs, Julian Ibarz, Peter Pastor, Kurt Konolige, Sergey Levine and Vincent Vanhoucke. Using Simulation and Domain Adaptation to Improve Efficiency of Deep Robotic Grasping. arXiv preprint arXiv:1709.07857, 2017.

[22] Tianhe Yu, Chelsea Finn, Annie Xie, Sudeep Dasari, Tianhao Zhang, Pieter Abbeel and Sergey Levine. One-Shot Imitation from Observing Humans via Domain-Adaptive Meta-Learning. In RSS, 2018.

[23] Satinder Singh, Andrew G. Barto and Nuttapong Chentanez. Intrinsically Motivated Reinforcement Learning. In NIPS, 2004.

[24] Deepak Pathak, Pulkit Agrawal, Alexei A. Efros and Trevor Darrell. Curiosity-driven Exploration by Self-supervised Prediction. In ICML, 2017.

[25] Yuri Burda, Harri Edwards, Deepak Pathak, Amos Storkey, Trevor Darrell and Alexei A. Efros. Large-Scale Study of Curiosity-Driven Learning. arXiv preprint arXiv:1808.04355, 2018.

[26] Jeffrey L. Elman. Learning and development in neural networks: the importance of starting small. Cognition, vol. 48, no. 1, pp. 71-99, 1993.

[27] Yoshua Bengio, Jérôme Louradour, Ronan Collobert and Jason Weston. Curriculum Learning. In ICML, 2009.

[28] Carlos Florensa, David Held, Markus Wulfmeier, Michael Zhang and Pieter

Abbeel. Reverse Curriculum Generation for Reinforcement Learning. In CoRL, 2017

[29] Tim Salimans and Richard Chen. Learning Montezuma's Revenge from a Single Demonstration. 2018.

[30] Tianmin Shu, Caiming Xiong and Richard Socher. Hierarchical and Interpretable Skill Acquisition in Multi-task Reinforcement Learning. In ICLR, 2018.

[31] Tejas D. Kulkarni, Karthik R. Narasimhan, Ardavan Saeedi and Joshua B. Tenenbaum. Hierarchical Deep Reinforcement Learning: Integrating Temporal Abstraction and Intrinsic Motivation. In NIPS, 2016.

[32] OpenAI. OpenAI Five. 2018.

[33] David Ha. A Visual Guide to Evolution Strategies. 2017.

[34] Kenneth O. Stanley and Jeff Clune. Welcoming the Era of Deep Neuroevolution. 2017.

[35] Eder Santana. MVE Series: Playing Catch with Keras and an Evolution Strategy. 2018.

[36] Tim Salimans, Jonathan Ho, Xi Chen, Szymon Sidor and Ilya Sutskever. Evolution Strategies as a Scalable Alternative to Reinforcement Learning. arXiv preprint arXiv:1703.03864, 2017.

[37] Horia Mania, Aurelia Guy and Benjamin Recht. Simple random search provides a competitive approach to reinforcement learning. arXiv preprint arXiv:1803.07055, 2018.

[38] Alexandre Attia and Sharone Dayan. Global overview of Imitation Learning. arXiv preprint arXiv:1801.06503, 2018.

[39] Richard Zhu and Andrew Kang. Imitation Learning. 2016.

[40] Stephane Ross and J. Andrew Bagnell. Efficient reductions for imitation learning. In AISTATS, 2010.

[41] Stéphane Ross, Geoffrey J. Gordon and J. Andrew Bagnell. A reduction of imitation learning and structured prediction to no-regret online learning. In AISTATS, 2011.

[42] John Schulman. DAGGER and Friends. 2015.

[43] Jonathan Ho and Stefano Ermon. Generative Adversarial Imitation

Learning. In NIPS, 2016.

[44] Katharina Muelling, Abdeslam Boularias, Betty Mohler, Bernhard Schölkopf and Jan Peters. Learning strategies in table tennis using inverse reinforcement learning. Biological Cybernetics, vol. 108, no. 5, pp. 603-619, 2014.

[45] Andrew Y. Ng and Stuart J. Russell. Algorithms for Inverse Reinforcement Learning. In ICML, 2000.

[46] Pieter Abbeel and Andrew Y. Ng. Apprenticeship Learning via Inverse Reinforcement Learning. In ICML, 2004.

[47] Brian D. Ziebart, Andrew Maas, J. Andrew Bagnell and Anind K. Dey. Maximum Entropy Inverse Reinforcement Learning. In AAAI, 2008.

[48] Saurabh Arora and Prashant Doshi. A Survey of Inverse Reinforce ment Learning: Challenges, Methods and Progress. arXiv preprint arXiv:1806.06877, 2018.

[49] Abdeslam Boularias, Jens Kober and Jan Peters. Relative Entropy Inverse Reinforcement Learning. In AISTATS, 2011.

[50] Chelsea Finn, Sergey Levine and Pieter Abbeel. Guided Cost Learning: Deep Inverse Optimal Control via Policy Optimization. arXiv preprint arXiv:1603.00448, 2016.

[51] Markus Wulfmeier, Peter Ondruska and Ingmar Posner. Maximum Entropy Deep Inverse Reinforcement Learning. arXiv preprint arXiv:1507.04888, 2015.

[52] Deepak Ramachandran and Eyal Amir. Bayesian Inverse Reinforcement Learning. In IJCAI, 2007.

[53] Ian Goodfellow, Jean Pouget-Abadie, Mehdi Mirza, Bing Xu, David Warde-Farley, Sherjil Ozair, Aaron Courville and Yoshua Bengio. Generative Adversarial Nets. In NIPS, 2014.

[54] Chelsea Finn, Paul Christiano, Pieter Abbeel and Sergey Levine. A Connection between Generative Adversarial Networks, Inverse Reinforcement Learning, and Energy-Based Models. In NIPS Workshop on Adversarial Training, 2016.

[55] nat neka. 逆強化学習を理解する. 2017.

[56] Yusuke Nakata. Maximum Entropy IRL（最大エントロピー逆強化学習）とその発展系について. 2017.

[57] Shota Ishikawa. ノンパラメトリックベイズを用いた逆強化学習. 2018.

[58] makokal/funzo

[59] Yao Xie. Lecture 11: Maximum Entropy.

Day7

[1] bonsai

[2] covariant.ai

[3] Amazon Alexa Prize

[4] Parmy Olson. When AI Steers Tractors: How Farmers Are Using Drones And Data To Cut Costs. 2018.

[5] Will Knight. Siri May Get Smarter by Learning from Its Mistakes. 2017.

[6] Liang Tang, Romer Rosales, Ajit P. Singh and Deepak Agarwal. Automatic Ad Format Selection via Contextual Bandits. In CIKM, 2013.

[7] Lihong Li, Wei Chu, John Langford and Robert E. Schapire. A Contextual-Bandit Approach to Personalized News Article Recommendation. In WWW, 2010.

[8] Ashok Chandrashekar, Fernando Amat, Justin Basilico and Tony Jebara. Artwork Personalization at Netflix. 2017.

[9] Arthur Juliani, Vincent-Pierre Berges, Esh Vckay, Yuan Gao, Hunter Henry, Marwan Mattar and Danny Lange. Unity: A General Platform for Intelligent Agents. arXiv preprint arXiv:1809.02627, 2018.

[10] Joshua Greaves, Max Robinson, Nick Walton, Mitchell Mortensen, Robert Pottorff, Connor Christopherson, Derek Hancock and David Wingate. Holodeck: A High Fidelity Simulator. 2018.

[11] bulletphysics/bullet3

[12] SenseAct: A computational framework for real-world robot learning tasks

[13] NICKNORMAL. 'Duckietown' is an Open-Source MIT Class & Computer-Vision Self-Driving Robot for #RaspberryPi. 2016.

[14] Shital Shah, Debadeepta Dey, Chris Lovett and Ashish Kapoor. AirSim:

High-Fidelity Visual and Physical Simulation for Autonomous Vehicles. In FSR, 2017.

[15] Matthew Johnson, Katja Hofmann, Tim Hutton and David Bignell. The Malmo Platform for Artificial Intelligence Experimentation. In IJCAI, 2016.

[16] Alexander H. Miller, Will Feng, Adam Fisch, Jiasen Lu, Dhruv Batra, Antoine Bordes, Devi Parikh and Jason Weston. ParlAI: A Dialog Research Software Platform. arXiv preprint arXiv:1705.06476, 2017.

[17] Jason Gauci, Edoardo Conti, Yitao Liang, Kittipat Virochsiri, Yuchen He, Zachary Kaden, Vivek Narayanan and Xiaohui Ye. Horizon: Facebook's Open Source Applied Reinforcement Learning Platform. arXiv preprint arXiv:1811.00260, 2018.

[18] Romain Paulus, Caiming Xiong and Richard Socher. A Deep Reinforced Model for Abstractive Summarization. In ICLR, 2018.

[19] Romain Paulus, Caiming Xiong and Richard Socher. Your TL;DR by an AI: A Deep Reinforced Model for Abstractive Summarization. 2018.

[20] Nicola De Cao and Thomas Kipf. MolGAN: An implicit generative model for small molecular graphs. arXiv preprint arXiv:1805.11973, 2018.

[21] AutoML

[22] Simon Kornblith, Jonathon Shlens and Quoc V. Le. Do Better ImageNet Models Transfer Better?. arXiv preprint arXiv:1805.08974, 2018.

[23] Barret Zoph, Vijay Vasudevan, Jonathon Shlens and Quoc V. Le. Learning Transferable Architectures for Scalable Image Recognition. arXiv preprint arXiv:1707.07012, 2017.

[24] Mingxing Tan, Bo Chen, Ruoming Pang, Vijay Vasudevan and Quoc V. Le. MnasNet: Platform-Aware Neural Architecture Search for Mobile. arXiv preprint arXiv:1807.11626, 2018.

[25] Ekin D. Cubuk, Barret Zoph, Dandelion Mane, Vijay Vasudevan and Quoc V. Le. AutoAugment: Learning Augmentation Policies from Data. arXiv preprint arXiv:1805.09501, 2018.

[26] Min Chi, Kurt VanLehn, Diane Litman and Pamela Jordan. An Evaluation of Pedagogical Tutorial Tactics for a Natural Language Tutoring System:

A Reinforcement Learning Approach. International Journal of Applied Artificial Intelligence, vol. 21, no. 1, pp. 83-113, 2011.

[27] Kenneth R. Koedinger, Emma Brunskill, Ryan S.J.d. Baker, Elizabeth A. McLaughlin and John Stamper. New Potentials for Data-Driven Intelligent Tutoring System Development and Optimization. AI Magazine, vol 34, no. 3, pp. 27-41, 2013.

■ 索 引

著者紹介

久保隆宏（くぼ たかひろ）

TIS 株式会社戦略技術センター所属

現在は、「人のための要約」を目指し、少ない学習データによる要約の作成・図表化に取り組む。また、論文のまとめを共有する arXivTimes の運営、『直感 Deep Learning』オライリージャパン（2018）の翻訳など、技術の普及を積極的に行っている。

Twitter：@icoxfog417

NDC007　　303p　　21cm

機械学習スタートアップシリーズ（き かいがくしゅう）

Python で学ぶ強化学習（バイソン、まな、きょう か がくしゅう）
入門から実践まで（にゅうもん、じっせん）

2019 年 1 月 15 日　第 1 刷発行
2019 年 2 月 4 日　第 3 刷発行

著　者　　久保隆宏（くぼ たかひろ）

発行者　　渡瀬昌彦

発行所　　株式会社 講談社
　　　　　〒 112-8001　東京都文京区音羽 2-12-21
　　　　　　　販売　（03）5395-4415
　　　　　　　業務　（03）5395-3615

編　集　　株式会社 講談社サイエンティフィク
　　　　　代表　矢吹俊吉
　　　　　〒 162-0825　東京都新宿区神楽坂 2-14　ノービィビル
　　　　　　　編集　（03）3235-3701

本文データ制作　株式会社 エヌ・オフィス
カバー表紙印刷　豊国印刷 株式会社
本文印刷・製本　株式会社 講談社

ISBN 978-4-06-514298-1